**QIANSHUI
JISHU JICHU**

主编 ◉ 季世军 叶似虬

潜水技术基础

大连海事大学出版社
DALIAN MARITIME UNIVERSITY PRESS

ⓒ季世军　叶似虬　2023

图书在版编目(CIP)数据

潜水技术基础／季世军，叶似虬主编. —大连：
大连海事大学出版社，2023.12
ISBN 978-7-5632-4527-7

Ⅰ.①潜… Ⅱ.①季… ②叶… Ⅲ.①潜水—基本知
识 Ⅳ.①P754.3

中国国家版本馆 CIP 数据核字(2023)第 253307 号

大连海事大学出版社出版

地址:大连市黄浦路523号　邮编:116026　电话:0411-84729665(营销部)　84729480(总编室)
http://press.dlmu.edu.cn　E-mail:dmupress@dlmu.edu.cn

大连永盛印业有限公司印装　　　　　　　　大连海事大学出版社发行

2023 年 12 月第 1 版　　　　　　　　　　　2023 年 12 月第 1 次印刷
幅面尺寸:184 mm×260 mm　　　　　　　　　　　　　　　印张:8
字数:184 千　　　　　　　　　　　　　　　　　　　印数:1~500

出版人:刘明凯

责任编辑:董洪英　　　　　　　　　　　　　责任校对:任芳芳
封面设计:解瑶瑶　　　　　　　　　　　　　版式设计:解瑶瑶

ISBN 978-7-5632-4527-7　　　定价:20.00 元

前　言

古人出于好奇心和获取生活物资的需要下水捕捞,在付出了巨大的努力甚至生命的代价后,总结形成了今天较为系统的潜水理论与实用技术。潜水不仅丰富了人们的业余文化生活,而且在基础设施建设和国民经济发展中发挥着越来越重要的作用。

潜水在国内还比较小众,除少数潜水从业者和业余爱好者外,大众对潜水理论与技术所知较少,甚至对潜水心怀恐惧,这也阻碍了潜水技术在我国的进一步发展。

从本书绪论"潜水简史"中我们可以看出,历史上人们在潜水的各方面进行了大量的尝试与探索,发明了很多潜水方法,设计与改进了不同的潜水装具,同时也尝试使用了各式各样的潜水气体,在此基础上,形成了各具特色的潜水技术。

从本质上来说,潜水是人体的生理状态不断对抗和适应水下物理环境的过程,充分了解和认识人体的生理过程以及这些生理过程面对水下环境时的反应,对于我们认识潜水和掌握潜水理论具有重要的意义。因此,第一、二章着重介绍了与水、气相关的物理现象、规律,人体的主要生理过程及特点,以及这些物理现象、生理过程在潜水过程中发挥的作用。

正确地理解与掌握种种潜水技术,对于我们选用合适的潜水技术、准备充足的潜水气体以完成预定的作业任务无疑是十分重要的。因此,第三章介绍了潜水分类及工程潜水方式,不同潜水气体的性质、配置方法与计算方法等。

潜水减压是潜水理论与实践中一项重要的内容,人们谈之色变的减压病就是由减压不当导致的。那么,如何避免减压病和解决安全减压与提高潜水效率之间的矛盾,不仅是潜水从业者一直关心的问题,也是众多潜水科研工作者孜孜以求的终极目标。第四章从应用的角度出发,着重介绍了不同的潜水减压方法,同时也用一定篇幅介绍了传统减压理论及其发展,我们希望本书能够为有志于从事潜水理论研究工作的读者打下初步的理论基础,起到抛砖引玉的作用。

第五、六、七章介绍了空气潜水、氦氧混合气潜水以及饱和潜水这三种潜水方法所涉及的潜水装具(备)、作业管理、潜水程序。第八章介绍了潜水疾病的预防与处理等方面的内容。

衷心感谢上海打捞局高级工程师沈骅、交通运输部救助打捞局人事教育处原处长张建国在本书编写过程中给予的大力支持与帮助。广州潜水学校原副校长陈水开在百忙之中通读了本书初稿并不厌其烦地提出了详尽的修改意见，在此特别表达诚挚的谢意与敬意。另外，李冰悦女士为本书部分外文资料的翻译提供了帮助，一并表达谢意。

　　由于篇幅及编者能力、知识面的限制，挂一漏万和各种错误不可避免，敬请业内人士直言，在此谢过。

编　者

2023 年 11 月 13 日

目　录

绪 论
潜水简史

　　择水草而居,从事渔猎活动是原始农业文明建立之前古人获取食物、维持生存的最重要手段。不难想象,在远古的某一天,人类的祖先好奇又大胆地将头扎入清冽的河水中,于是,一个全新的世界呈现在他的眼前,人类的潜水活动就这样诞生了。

一、自由潜水

　　早期的潜水方式无疑都是通过屏气进行的自由潜水,即今天俗称的"扎猛子"。潜水者深吸一口气,然后屏住呼吸潜入水下,在到达耐受极限时间之前上升出水、恢复呼吸。自由潜水仅依赖潜水者的个人技巧和肺活量,几乎不借助任何其他器具,因此也称为自由式潜水或裸潜。

　　据我国上古时期的历史文献汇编——《尚书》记载,公元前 21 世纪,东方部落淮夷曾向夏朝天子大禹进贡产自深海的夜明珠。18 世纪末至 19 世纪初,在尼罗河流域的大规模考古发掘过程中,大量的古埃及第六王朝时期的珍珠蚌雕刻饰品被发现。考古工作者在对更早时期两河流域古巴比伦遗址的考古发掘中同样发现了大量的产自海底的珍珠贝。因此,目前潜水史学界普遍接受的观点为人类的潜水活动至少有 4 500~5 000 年的历史,虽然实际上可能更长。

　　除满足人类固有的好奇心之外,潜入水下还可以获取食物,捞取珍珠、红珊瑚、海绵等各类海珍品,以及打捞沉船财物,发起水下攻击等。据荷马史诗《伊利亚特》的描述,在特洛伊战争中,跨海而来的希腊人大量地使用军事潜水员破坏特洛伊城的水下防御工事。公元前 332 年,马其顿国王亚历山大大帝远征提尔(今苏尔,位于黎巴嫩首都贝鲁特南部 80 km),为了修建一座连接提尔与大陆的长堤,他同样大量地使用了军事潜水员进行水下建筑与防御。公元前 219 年,完成统一六国战争两年的秦始皇驱使千余人在泗水(徐州北郊大运河上的秦梁洪处)打捞据称被沉于水底的周鼎(见图 0-1)(《史记·秦始皇本纪》:"始皇还,过彭城,斋戒祷祠,欲出周鼎泗水。使千人没水求之,弗得。")。在公元前 3 世纪的东地中海地区,海上贸易的快速发展使得打捞沉船财物成为一项有利可图的事业,希腊人为此制定了相应的法律来规范打捞物品的分配,明确规定浅于三英尺打捞上来的财物的十分之一归潜水员;三到十二英尺深打捞上来的财物的三分之一归潜水员;超过十二英尺打捞上来的财物的一半归潜水员,余下的部分归还原来的主人。

图 0-1　出土的汉墓砖雕"泗水捞鼎"图

二、呼吸管潜水

为了延长在水下停留时间,受大象过河(身体潜在水里,将鼻子举在水面上呼吸新鲜空气)的启发,人们发明了呼吸管潜水。潜水者将芦苇管或者锡制弯管衔在口中,使管子的另一端露出水面,即可潜入水中而连续地呼吸,这使得在水下的停留时间大大延长。不过囿于这一潜水手段,人们不可能潜入水中过深,否则便无法顺畅地呼吸。实际上这其中也蕴含着现代潜水的基本原理:潜水者必须随时呼吸压力等于环境压力的气体,否则或者无法呼吸,或者导致肺脏破裂。

人们通常的呼吸过程是这样的:吸气时,呼吸肌收缩,胸腔扩张,肺脏打开形成负压,外部的空气进入体内;呼气时,呼吸肌松弛,胸腔、肺脏收缩,将废气排出体外。因此,吸气是一个主动做功过程,呼气则是一个被动过程,无须做功。当人们进入水中的时候,由于水压均匀地作用在身体上,呼吸肌需要做更多的功才能扩张胸腔使肺脏形成负压。水越深,肺脏越难打开,所需的功越多,当超过人体承受极限时人体将无法自主呼吸,这就是呼吸管潜水深度有限的原因。有研究表明,即便是身体最为强壮的人,其使用呼吸管潜水的深度也无法超过 3 m。现代潜水装具最重要的一项功能就是为潜水者提供等于环境压力的高压气体,以抵御水压的作用,使其胸腔内、外的压力得以平衡,这样潜水者即便身处很深的水中,也可以顺畅地进行呼吸。

无论是否使用呼吸管,早期的屏气潜水都受潜水时间短、潜水深度有限、无法抵御寒冷的水下环境等问题的限制。此外,潜水员一日内多次反复潜入水下,还可能会给眼睛和中耳带来长期的不可逆损害,导致失明与失聪。为此,人们又逐渐发展出了潜水钟潜水。

三、潜水钟潜水

潜水钟潜水,就是将一钟状物倒扣在潜水者头上,潜水钟随同潜水者一同进入水下,或悬停在潜水者附近。一旦潜水员体内氧气即将耗尽,就可以快速返回潜水钟呼吸钟内储存的空气。潜水钟可以做得很大,里面可以储存很多的空气,这样潜水员就可以在水下进行多次的气体交换,停留更长的时间。

古希腊哲学家亚里士多德(公元前 384—前 322)在其著作《问题集》一书中提到了早在公元前 360 年人类就使用了类似潜水钟的装置。近代关于潜水钟使用的明确记录出现在 1535 年,意大利医师古列尔莫·德洛雷纳首次使用潜水钟搜寻沉没在罗马城附近内米湖中的两艘古罗马游艇。在这之前,屏气潜水员曾经搜寻数年未果,改用德洛雷纳的潜水钟后,人们在两周之内就找到了这两艘没于水下 1 500 多年之久的古罗马沉船。随后不久,两名希腊人在 1538 年也设计和建造了一座巨大的潜水钟,并在当时的西班牙首都托莱多当着国王和 10 000 多名观众进行了潜水表演,两人在水下停留了 1 h。潜水钟很快风靡整个欧洲,在 16—17 世纪,欧洲人发明和建造了无数大小不同、形状各异的潜水钟,进行水下打捞、探险,甚至水下观光。法国物理学家丹尼斯·帕平和因发现哈雷彗星而闻名的英国天文学家埃德蒙·哈雷先后参与了潜水钟的设计与改进(见图 0-2)。不久,发明快干水泥的英国工程师约翰·斯密顿制造出了更为实用可靠的空气泵,大大地改进了潜水钟的水下供气,使得潜水钟潜水可以在水下维持得更长久也更安全。但由于当时人们对空气的成分、氧气及水压的作用等的认识尚不深入,以及潜水钟固有的抗风浪能力差、操作不便等缺点,潜水钟的广泛使用也导致了诸多伤亡事故,尽管如此,仍阻挡不了无数的水下探险家与爱好者们继续潜水的脚步。

就在潜水钟潜水逐渐发展并达到顶峰时,一种比潜水钟潜水更为便捷,也更为安全可靠的潜水方式出现了,这就是头盔式潜水。

图 0-2 哈雷潜水钟

四、头盔式潜水(通风式潜水、重装潜水)

头盔式潜水使用的头盔比今天人们骑行时常用的安全头盔略大,其工作原理与潜水钟类似。铜制头盔罩在潜水员头上,通过一个来自水面的空气软管泵入高压气体供潜水员呼吸,多余气体则沿头盔下沿逸出水面,所以后来人们也将其称为通风式潜水。头盔上开有多个观察孔并罩以厚玻璃,供潜水员进行水下观察,后期在头盔内还装上了有线对讲机以方便水面上下作业人员联络沟通。相比潜水钟潜水,头盔式潜水行动更为灵活,大幅提高了潜水作业的安全性和效率。

头盔式潜水装具的雏形最早出现于 18 世纪,几经挫折与改进,直到 1819 年才由英国人奥古斯塔·希比将其实用化。希比将铜制头盔与皮制潜水服连在一起,在潜水服的腰部开有气孔以排出多余气体,这样也避免了由头盔下沿排出气体形成的气泡阻挡潜水员的视线。1823 年,来自英国海事救捞部门的迪恩兄弟也发明了类似的装置,并于1828 年申请了专利。不过希比与迪恩兄弟的潜水装置都存在同样的问题,那就是潜水员不能躺平或被绊倒,否则水会迅速灌满头盔导致潜水员溺水。1834 年,一位名叫诺克斯的美国人对他们的潜水装置做了进一步改进,将排气孔移至头盔顶部,这样潜水员在水下弯腰甚至躺平也无须担心海水灌入头盔。1837 年,希比吸收了诺克斯的这一思想,进一步为排气孔增加了一个触碰装置,潜水员通过这个触碰装置便可以自行控制排气。希比还将原来的半身潜水服改成连体式,并与铜制头盔紧密连接成一体,构成了一个密闭的空间,将潜水员与外部的水体隔绝开来,这样潜水员就可以在水下身着厚实的保暖衣物,解决了一直以来潜水时面临的保温问题。其后数年里,又经其他人的陆续改进,这种以宽大的橡胶潜水服、铜制头盔、领盘、沉重的压铅和铅鞋为特征的潜水装具便基本固定下来,希比将其命名为标准头盔式潜水服(见图 0-3)。

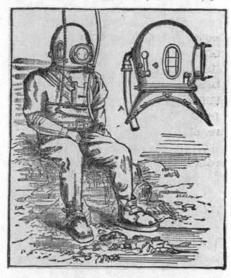

图 0-3　希比潜水头盔与标准头盔式潜水服

　　希比潜水服正式定型不久,就被当时的英国海军部选中,用于打捞和移除沉没于英国南部海岸斯皮特海德港锚地的战列舰"皇家乔治号"。该舰因漏水意外沉没于此 50多年,舰上 1 000 余名官兵丧生,其间皇家海军曾多次尝试都未能完成打捞。海军潜水员身着希比潜水服,历时 5 年,经无数次水下打捞与水下爆破,终于完成了这项艰巨的任务,希比潜水服也因此名声大噪。也就是在这次潜水作业过程中,发生了第一起有记载的"挤压"事故。一名潜水员的供气软管突然破裂,压缩空气迅速逸出头盔,在巨大的海水压力作用下,潜水员感觉整个人都快被压碎了,所幸岸上的人及时发现了问题,并将潜水员迅速拖出水面才避免了进一步损害的发生。即便如此,事故潜水员的口鼻、耳朵、眼睛不停地向外渗出鲜血,脸和脖子也很快肿胀起来。类似的更严重的事故在其他场合也时有发生,直到有人在供气软管上加设了一个单向阀才彻底解决了这一问题。

　　头盔式潜水装具于 20 世纪 30 年代传入我国台湾、上海等地,并迅速得以普及。由于它沉重的铜制头盔、领盘、压铅、铅鞋,国内潜水界习惯称其为重装潜水装具。

20世纪60年代,两名退役潜水员鲍勃·科比和比夫·摩根不满于头盔式潜水装具在100多年的时间里几乎一成不变的现状,采用新材料、新工艺、新设计对希比的潜水装具进行了大刀阔斧的改进。将头盔的材质改为坚固、轻便的工程塑料,并与颈封连在一起形成密闭空间,这样就无须向潜水服内大量充气,潜水员在水中更容易控制浮力,减少了"放漂"事故的发生。新装具还采用了法国采矿工程师贝努瓦·鲁凯罗尔和海军上尉奥古斯特·德纳罗耶合作发明的需供式呼吸器,它的关键部件是一个与外界相连且对水压敏感的膜片。当潜水者需要吸气时,膜片在海水压力的作用下打开供气阀门,压缩空气自动进入呼吸器供潜水者呼吸;当潜水员呼气时,膜片弹回关闭供气阀门,供气停止。这样不仅可以节省呼吸气体,也使得潜水员不再把注意力放在控制供气阀门上。

为区别于采用通风式供气的头盔式潜水装具,这种新型的潜水装具也被称为水面需供式潜水装具。今天,该类装具在空气潜水、混合气潜水及饱和潜水中被广泛使用,潜水员所需的呼吸气体除了可直接从水面通过潜水员脐带供给之外,还可从水面通过潜水钟脐带、潜水钟配气盘供给,后者主要用于大深度潜水的场合。上海潜水装备厂于1983年研制出300型水面需供式潜水装具,并于1985年4月通过了交通部(今交通运输部)主持的技术鉴定。

水面需供式潜水装具出现之后,笨重的头盔式潜水装具慢慢被取代,逐渐退出历史舞台,今天在我国北方的一些水产养殖场还能看到它的踪影。

潜水钟潜水尤其是头盔式潜水装具的发展与完善提高了潜水员的作业能力与效率,也进一步增加了潜水作业深度。但此后很长一段时间里一个一直困扰人们的问题出现了,它就是直到今天仍让人们闻之色变的减压病,当时也被称为沉箱病、屈肢病、潜水夫病等。

五、沉箱潜水

《屈肢病》一书的作者菲利普斯认为是法国矿业工程师特里格尔于1841年首次开始使用沉箱。也有人认为早在1788年英国工程师兼发明家约翰·斯密顿在建造普利茅斯港外礁石上的艾迪斯通灯塔时就开始尝试使用沉箱加固灯塔的基础,但斯密顿的沉箱需要作业工人先进入沉箱内,再把沉箱沉放到指定位置,然后用压缩空气泵排干沉箱内的积水后才开始水下作业。严格说来,斯密顿的沉箱更像一个巨大的潜水钟。

作为一名矿业工程师,特里格尔最初使用沉箱是为了解决矿井掘进过程中不时出现的流沙层问题,但不久就将其转向了水下建筑与疏浚。特里格尔最初使用的沉箱类似一个简单的钢制或木制圆筒,圆筒竖立在水中,上缘高于水面(见图0-4)。圆筒中间由两个隔断分隔为三个不同的功能区。其中最下面的为工作间,巨大的空气泵不停地泵入压缩空气以保证工作间中的空气压强大于等于外面的水压,这样就可以避免外面的水涌进来。中间的功能区为气密室或气闸,作业工人由外面的大气环境经此加压后进入下面的高压工作间。清理出来的淤泥、碎石也经此运到外面。在建造水下建筑比如架桥时,沉箱首先被竖立在水底的淤泥上,高压气泵将压缩空气泵入工作间,在气压作用下工作间中的积水被逐渐排出;然后沉箱作业工人经气密室加压后进入工作间开始工作。随着沉箱内淤泥、碎石被不断地挖掘、排出,沉箱也开始不断下陷,直到最后接触到下面坚硬的岩石层。这时作业工人撤出沉箱,整个沉箱用水泥或岩石填满,彻底凝固后就可以作为桥墩的基础继续上面的建筑工作。1910年日本殖民者为加强对我国东北和朝鲜半岛的经济掠夺,开始修建连接我国丹东市和朝鲜新义州的鸭绿江铁路桥,在修筑铁路桥桥墩时便采用了沉箱技术。最初的沉箱仅能容纳几个人在其中工作,随着人们对这一技术的掌握以及更大功率空气泵的出现,后来的沉箱可以容纳十几人甚至几十人一起工作。

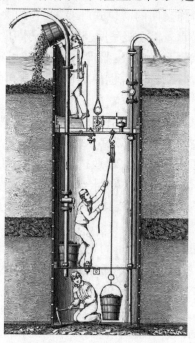

图0-4　特里格尔使用的沉箱

沉箱投入使用不久,特里格尔就注意到一些工人在完成长时间箱内作业回到地面后常常会出现咳嗽、皮肤瘙痒、手臂或膝关节严重疼痛等问题,但无论是特里格尔还是当时的医生都对此无法给出合理的解释。有些沉箱作业工人在发病时,由于剧烈疼痛不得不弯曲着四肢和佝偻着身体,因此当时的医学界形象地将其命名为屈肢病,也称沉箱病,而早已注意到这一症状的潜水界更习惯将其称为潜水夫病。

沉箱技术的成熟以及欧美等地经济的快速发展使得沉箱的使用越发普及,并逐渐向大型化和大深度发展。与此同时,作业工人关节剧烈疼痛、瘫痪甚至死亡的事件迅速增加,1871年,小罗布林代替已故的父亲、大桥总设计师老罗布林指挥建设纽约东河上的布鲁克林大桥时,也因为频繁进入沉箱而瘫痪,不得不卧床,借助望远镜和妻子传递指令来监督桥梁的建设。

为避免该类事件的发生,当时的施工方采取了缩短工人作业时间、增设减压舱以及改善伙食等手段,虽然在一定程度上减少了伤亡事故的发生,但对屈肢病的发病原因及发病规律始终无法找到合理的解释,直到19世纪70年代法国生理学家保罗·波特开始关注此事。

17世纪,著名物理学家、化学家罗伯特·波义耳将蛇放入一个密闭的玻璃容器内并加压,保持一段时间后快速泄压,波义耳注意到在这一过程中蛇的眼睛里有气泡流过,他判断一定是空气中的某种成分进入了蛇的体内。囿于当时对空气成分的认识有限及实验手段不丰富,波义耳无法得出正确的结论。

同波义耳一样,保罗·波特进行了大量的动物实验。经过长时间的观察与思考,再结合其他人的研究成果,保罗·波特正确地指出:屈肢病是潜水时或沉箱作业时人体吸收过多氮气所致,若潜水员上升时速度过快,或沉箱工人离开沉箱时压力降低过快,身体内吸收的氮气便会以气泡形式析出。这些气泡进入人体各关节处,就会导致剧烈的疼痛、瘫痪,严重者甚至死亡。人们逐渐认识到,此前发生在潜水员、沉箱作业工人、高气压隧道作业工人、高空气球乘坐者身上的类似问题都是由人体吸收的氮气在环境压力快速降低时形成气泡引起的,因此统一将此类病症正式命名为减压病,并积极寻找对策加以解决。

六、自携式潜水

早在公元前9世纪,亚述人的壁画上就显示人们利用动物皮囊作为储气袋进行潜水,但人们开始尝试自携式潜水要比壁画出现的年代晚很多。16世纪土耳其人围困威尼斯期间,著名画家达·芬奇声称发明了一套可隐蔽于水下的自携式潜水装备,可以供潜水员在水下攻击土耳其人的船队,但很快被城防委员会否决。事实上,在真正切实可行并投入商业化生产的自携式潜水装具出现之前,发明家们已经提出了众多形形色色的设计方案,不过这些发明大部分停留在绘图板上,或者一经尝试便被证明根本不可行,个别发明甚至杀死了发明家自己,但其中几项设计仍值得一提。

1774年,法国人费雷米内尝试用铁桶储存空气并将其连接到头盔上供潜水员呼吸,他还当众进行了潜水表演,但实际上大部分时间里他是通过水面的一个风箱来向潜水员供气的(见图0-5)。1825年,一位名叫威廉·詹姆斯的英国人使用一个从腰部延伸至腋下的圆柱形腰带作为储气罐,腰带中储存的空气压强为30个大气压。大约同时期,美国人查尔斯·肯德特使用弯曲的铜管储存压缩空气并向封闭的潜水服内供气,潜水者通过与潜水服相连的风帽呼吸。肯德特成功地使用这套潜水设备完成了几次水下任务后,不幸于1832年死于一次潜水事故。

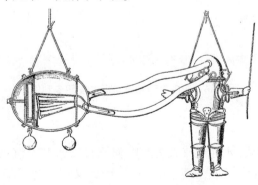

图0-5　费雷米内自携式潜水装具雏形

1865年,法国人贝努瓦·鲁凯罗尔和奥古斯特·德纳罗耶合作发明了需供式呼吸器,但当时人们显然未能意识到这一发明的重要性,直到19世纪80年代他们的发明才被重视并得到利用。

1876年,英国商船船员亨利·弗鲁斯发明了一款结构简单紧凑、轻型的自携式潜水装备,其基本构成包括储气罐、呼吸调节器和一个空气软管。这套装备基于空气再生原理,利用氢氧化钠吸收气体中的二氧化碳,因此潜水员呼出的气体可以循环使用。这套装备使用的是压缩纯氧而不是压缩空气,潜水员由此可以在水下停留更长的时间。但随后人们发现在使用这类装置潜水深度过大时,潜水员会不由自主地出现抽搐、惊厥等症状。1878 年,保罗·波特认为这是呼吸高压氧气损害了人的神经中枢系统所致,1899 年,又发现长时间呼吸高氧分压气体对肺部有损害,即后来人们熟知的中枢神经性氧中毒和肺型氧中毒。

1926 年,两名法国人费内尔和勒普里厄共同获得了一项潜水装备的发明专利(见图 0-6),他们的装备包括一个容积为 3 L 的钢瓶,瓶内的压缩空气通过软管连接到呼吸器,潜水员戴面镜和鼻夹,并通过一个压力表监控瓶内的气体压力。除了没有使用需供式呼吸器,他们的装备和今天普遍使用的自携式潜水装备已经非常接近。1942 年,法国著名潜水家库斯托结合先前的发明,把呼吸调节器和压缩空气瓶整合在一起,并对空气管和呼吸咬嘴做了几处小的改动,由此创造了著名的自携式潜水装具品牌——水肺(Aqua-Lung)。库斯托及其潜水装备对自携式潜水影响很大,以至于今天仍有很多人把自携式潜水称为水肺潜水。

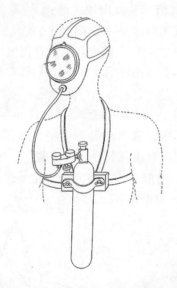

图 0-6　费内尔和勒普里厄的发明专利图

七、常压潜水

自携式潜水、头盔式(水面供气式)潜水、潜水钟潜水甚至沉箱潜水,潜水者或沉箱工人都需要置身于高压环境下,呼吸高压气体,因此又统称为承压式潜水。他们在潜水或者高压作业过程中时刻面临着寒冷、氧中毒、氮麻醉(呼吸高分压氮气引起人体类似醉酒的麻醉作用)甚至减压病等的威胁。为此,一些人另辟蹊径,专注于发展常压潜水,今天的常压潜水服、各类航行于水下的深潜器、潜水艇即是常压潜水技术发展的结果。这类装置的优点是潜水者置身于坚固的铠甲或容器之内,与水隔绝,所以无须承受水压,自然也避免了上述潜水疾病的威胁;其缺点是进行水下作业时灵活性不够,难以进行更为复杂和细微的操作,目前阶段只能从事水下观察或借助于机械手进行简单的作业。

鉴于本书侧重于承压式潜水,囿于篇幅,不对常压潜水展开介绍。

八、混合气潜水

氧中毒,特别是氮麻醉限制了空气潜水的深度,目前各国空气潜水的深度均被规定在 50~60 m 以浅。1919 年,美国电子工程师兼发明家伊莱休·汤姆生提出采用氦气来代替空气中的氮气以解决氮麻醉问题,从而增加潜水作业深度,之后开始了这方面的研究试验工作。1937 年,氦氧混合气被正式应用于潜水作业。1939 年,美国海军采用氦氧混合气潜水,救助沉没在 72 m 水深的失事潜艇"角鲨号",成功救出 33 名艇员。1941 年,美国海军使用氦氧混合气潜水深度达到 134 m。1956 年,英国海军使用氦氧混合气潜水深度达到 186 m。

相较于英、美、法等国,承压式潜水在我国的发展起步较晚。20 世纪二三十年代,我国一些地方开始进行重装(头盔式)潜水,主要进行江河湖泊的沉船沉物打捞等。20 世纪 60 年代初,在调查"跃进号"沉没事故中,空气潜水作业深度突破了 60 m。同时我国海军也开展了氦氧混合气潜水的研究,并于 1965 年在南京长江大桥建造中成功应用,作业深度达到 83 m。1975 年,上海救捞局和海军有关部门在云南抚仙湖潜水训练中创造了氦氧混合气潜水 156 m 的纪录。20 世纪 80 年代后期,上海救捞局在海洋石油平台安装等工程中,使用氦氧混合气潜水作业深度达到 120 m。

无论是呼吸压缩空气还是人工配制的氦氧混合气进行潜水,潜水任务完成后,潜水员都需进行长时间的减压,潜水深度越大,减压时间越长,都存在水下作业效率低、作业时间较短的缺点,真正的水下工作时间远远短于随后的减压时间。如进行一次 120 m 深的氦氧混合气潜水,潜水员在水底工作 30 min,返回水面前则需减压 691 min。而且随着水底停留时间的延长,减压时间急剧延长。另外,即便是氦氧混合气潜水,其作业深度也仅限在 120 m 以浅,仍然不能满足大深度、长时间潜水作业的要求。

九、饱和潜水

20 世纪 50 年代,美国海军医生乔治·邦德提出了饱和潜水的设想,并在此基础上开发出了饱和潜水新技术。饱和潜水即指人体组织被氮气、氦气等中性气体饱和后,可长时间停留于高压环境下而无须延长随后的减压时间。这样水下作业时间越长,减压在总的潜水时间中所占的比例越小,潜水作业效率越高。这对那些需要长时间水下停留的作业项目来说十分重要,因此世界各国,特别是发达国家竞相研究和推广应用。1992 年,在法国 COMEX 公司的陆上高压舱内实现模拟潜水深度 701 m。

就目前形势来看,饱和潜水仍保持着方兴未艾的发展趋势。饱和潜水技术正在向大型化、高效化方向发展,如广泛采用多舱、多潜水钟同时进行不同深度的作业。采用大型动力定位船作为饱和潜水支持母船,大幅度地扩大了饱和潜水的作业范围,提高了潜水作业效率。与此同时,美、法等潜水强国还在研究以分子量更小、价格更为低廉的氢气来代替氦气,以发展氢氧饱和潜水技术。但由于氢氧混合存在爆炸的危险,目前还处于实验室研究阶段。图 0-7 为饱和潜水作业现场。

从 20 世纪 70 年代开始,我国救捞行业和海军相关部门联合开展了饱和潜水理论

图 0-7 饱和潜水作业现场

研究和实验室模拟研究。2006年,上海打捞局开发形成了饱和潜水成套作业技术,并在南海番禺油田立管安装工程中成功应用。上海打捞局还从国外引进了 300 m 饱和潜水系统,并很快具备了 300 m 饱和潜水作业能力,2021年模拟潜水深度已超过了 500 m。与此同时,有关部门陆续编写和发布了有关饱和潜水技术的国家及行业标准,对其操作规范、人员要求、减压病处置等均提出了相应的要求,这也将有力地促进饱和潜水技术在我国的推广应用。

纵观潜水学科的发展历程,其每一点微小的技术和理论上的进步,都是在无数探索、实践、经验和教训的基础上获得的,有时甚至付出了生命的代价。这也提醒我们,潜水既是一项实践性要求很高的技术,有其自身的特殊规律,也蕴含着巨大的危险性。而对潜水理论、潜水技术以及潜水技术的局限性掌握和认识得越深、越全面,越能减小甚至消除这种危险。

当今经济建设中潜水技术得到了越来越广泛的应用,对潜水技术的水下作业能力也提出了越来越高的要求,这对潜水行业来说,既是难得的发展机遇,也是严峻的挑战。这要求我们的潜水员,特别是潜水作业的组织者们,对这一技术的复杂性、危险性及潜水规律要有着深刻、透彻的认识,充分了解和掌握不同潜水技术的优缺点,针对具体的水下作业要求合理地选择与安排相应的作业方式。从前期准备、人员选择、队伍组成、后续保障、作业程序、应急预案等方面进行合理的协调安排,以保证整个作业的顺利实施与完成。

同时潜水作业也是许多水下工程项目得以顺利实施的重要环节和保证,如沉船打捞、海洋石油勘探开采、水下建筑、海底养殖等均离不开潜水行业的支持,这同样要求施工组织人员要了解和掌握必要的潜水知识,遵循潜水规律,科学地安排与调度,制定切合实际的施工方案,以免造成不必要的延误与损失。这也是本课程的主要学习目的之一。

第一章
潜水物理基础

水下环境对于人体来说是一种迥异于陆地的异常环境,潜水员不仅要直接面对周围水的压力,还要呼吸着与水压相当的高压气体。水及气体的各种物理性质、运动及与人体的相互作用都对潜水作业有很大的影响,如压强、密度、膨胀、浮力等,这些因素在一定程度上决定了潜水过程是否顺利。因此,学习潜水所涉及的物理知识和物理定律,对掌握潜水原理、潜水生理,并将其应用于具体的潜水实践都是十分重要的。

第一节 ◉ 气体的物理性质

一、气体压强

气体压强是指气体对容器器壁单位面积所施加的正压力。根据气体分子运动理论,这一压力来自大量气体分子热运动时对器壁连续碰撞所产生的持续而稳定的作用力,与单位体积内气体的分子数量及气体分子平均运动速率有关。单位体积内气体的分子数量越多,气体分子平均运动速率越大,器壁所受的压力就越大,气体压强也越大。

在国际单位制(SI)中,气体压强的单位为 N/m²(牛顿/平方米),名称为帕斯卡,简称帕,符号为 Pa。实际使用时由于 Pa 的单位太小,计算和书写均不够方便,一般用 kPa(千帕)或 MPa(兆帕)来表示,其中:

$$1\ MPa = 1\ 000\ kPa = 1\ 000\ 000\ Pa$$

除 Pa 以外,用来表示气体压强的单位还有 kgf/cm²(千克力/平方厘米)、atm(标准大气压)、bar(巴)、mmHg(毫米汞柱)等,它们之间的换算关系为:

$$1\ bar = 10^5\ Pa$$
$$1\ atm = 101.325\ kPa$$
$$1\ mmHg = 133.322\ Pa$$

气体的压强均匀地作用于容器器壁的各个方向上,相互连通的含气腔室内的气体压强是处处相等的。在潜水实践中,当潜水员在水下呼吸高压气体时,潜水员的上/下呼吸道、肺、内耳道及各窦腔、潜水头盔、潜水服内的气体压强都是一样的,且等于潜水深度的环境压强,这保证了潜水员始终处于均匀受压状态,不会被身体内外巨大的压差所伤害。

二、大气压

处于地球大气层中的每一个物体都要承受大气层的压力,我们把物体单位面积上所承受的大气压力称为大气压,并定义在 0 ℃、纬度 45°的海平面上地球大气层形成的压强为 1 个标准大气压。随着海拔的增加,大气压也是逐渐减小的。在 1 000 m 以下的高度,每升高 10.5 m,大气压力降低 133 Pa。因此,当我们进行几千米以上的高海拔潜水作业时,必须对大气压的这种变化加以考虑。

在潜水领域,有时直接用水深来表示大气压。无论是海水还是淡水,潜水行业通用的是:1 个标准大气压≈10 m 水深。

三、分压

当几种不同的气体在同一容器中混合后,我们称之为混合气,如空气便是由氧气、氮气、二氧化碳等组成的混合气。如果混合气相互间不发生化学反应,且分子本身的体积和分子间的相互作用可以忽略不计,该气体则为理想混合气。在实际潜水过程中,我们一般把所使用的空气或人工混合气按理想混合气处理。对于理想混合气中的某一种气体,当排除其他气体,并保持系统的温度和体积不变时,该气体所具有的压力就是该气体的分压。

根据前面气体压强的定义不难理解,某一组分气体的分压来自该组分气体分子热运动对器壁连续碰撞所产生的稳定的作用力,多个组分气体分子对器壁产生的作用力之和构成了器壁承受的总压强(见图 1-1)。1801 年,英国科学家道尔顿(Dalton)通过大量实验研究发现,混合气的总压(强)等于混合气中各组分气体的分压(强)之和。这个规律被称为道尔顿分压定律,用数学公式可表示为:

$$p_{总} = p_{p1} + p_{p2} + p_{p3} + \cdots\cdots$$

或

$$p_{总} = \sum p_{p_i}$$

其中,p_{p_i}表示系统中各组分气体的分压。

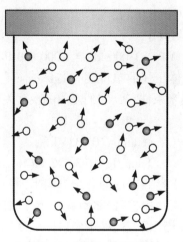

图 1-1　器壁承受的总压强

而混合气中各组成气体的分压等于混合气总压和该气体在混合气中的浓度(体积)百分比的乘积。用数学公式表示为：

$$p_{p_i} = p_{总} \times C_i$$

其中，C_i 为各组分气体的浓度(体积)百分比。

在 101.325 kPa(一个标准大气压)的干燥空气中，氧气、氮气的含量分别为 78.08% 和 20.95%，不难计算出，大气中氮气的分压为 79.115 kPa，氧气的分压是 21.228 kPa。在潜水领域，为简化计算，通常粗略地认为大气中氮气、氧气的含量分别为 80%、20%，则大气中的氮气、氧气分压分别为 80 kPa 和 20 kPa。

气体的分压是潜水领域最重要的物理概念之一。减压理论的核心思想就是要保证溶解于人体内的中性气体分压在上升至某一深度前低于某一特定值，从而防止中性气体的逸出速度过快而导致减压病的发生。人们所熟知的氮麻醉、氧中毒、缺氧、二氧化碳中毒等潜水疾病的发生也分别与氮气、氧气或二氧化碳分压超出人体正常生理承受界限有关。因此，理解和熟练地掌握气体分压的概念、应用与计算是学好本课程的关键，在随后的课程学习中必须予以足够的重视。

四、气体的密度

单位体积内物质的质量称为该物质的密度。与液体和固体不同，气体的体积会随温度和压强的变化而发生变化，从而导致气体的密度也会发生相应的变化。温度升高，气体的密度减小。压强增大，气体的密度增大(见图 1-2)。在 0 ℃ 和 1 个标准大气压下，1 L 干燥气体的质量称为该气体的标准密度，气体的标准密度也可称为绝对密度。

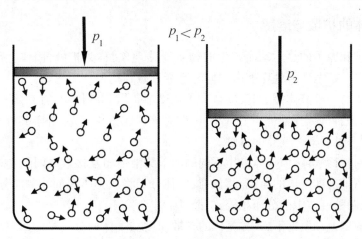

图 1-2 气体的密度随压强增大而增大

而在实际应用中，我们一般使用的是相对密度，即把空气密度看作 1，把其他气体的密度与空气密度进行比较(在温度和压强相同的情况下)得出的数值，称为相对密度(见表 1-1)。

表 1-1　部分潜水气体的物理性质

物理性质	空气	氢气	氦气	氮气	氧气	二氧化碳
绝对密度/(g/L)[*]	1.3	0.09	0.18	1.26	1.43	1.97
相对密度	1	0.069 5	0.138	0.963	1.10	1.529
等压比热C_p/[J/(kg·K)]	1.00	14.23	5.23	1.05	0.92	0.84
导热系数/[W/(m·K)][**]	0.080	0.568	0.496	0.082	0.084	0.049

[*] 0 ℃和1个标准大气压下测得的结果。

[**] 0 ℃下测得的结果。

五、比热

在无相变和化学反应的条件下,单位质量的某种物质,升高单位温度所吸收的热量(或降低单位温度所释放的热量),称为该物质的比热。比热又分为等容比热和等压比热,其中更为常用的是等压比热,用符号 C 或 C_p 表示。在国际单位制(SI)中,比热的单位是 J/(kg·K)[焦耳/(千克·开)],不同气体的等压比热见表 1-1。

气体的比热越大,温度变化时其吸收或放出的热量就越多。由表 1-1 可以看出:氮气的等压比热是 1.05,氦气的等压比热是 5.23,氦气是氮气的 5 倍左右。因此,潜水员呼吸氦氧混合气进行潜水作业比呼吸空气要吸收(散失)更多的热量,所以进行氦氧混合气潜水时要格外注意潜水员的保温问题,防止热量过度散失。

六、气体的扩散与溶解

由于分子和原子的热运动而产生的物质迁移现象,称为扩散,固体、液体和气体都存在扩散现象。扩散使各处密度由不均匀逐渐过渡到均匀。

一种气体与一种液体接触时,气体分子会逐渐扩散到液体中,直到该种气体在液体中的压力(即该种气体在液体中的分压,也称为该种气体的张力)等于其外部压力,扩散过程停止,这一过程即为气体的溶解。

溶解有同一种气体,但气体分压不同的两部分液体相互接触或间隔半透膜(只允许某种分子或离子扩散进出的薄膜)接触时,气体分子将从分压高的一侧向分压低的一侧扩散,直到在两种液体中的分压相等,扩散过程才会停止。

在相同的压差和温度下,各种气体的扩散速度与气体的分子量的平方根成反比,分子量越小,扩散速度越快。我们把一定温度、1 个标准大气压下的某种气体溶解在单位体积某种液体中的体积数,称为该种气体在这种液体内的溶解系数(或溶解度)。

气体在某种液体中的溶解量不仅与气体和液体的性质有关,也与温度和液体表面该种气体平衡压力(分压)的变化有关。

在相同的温度和分压下,同一种气体在不同的液体中的溶解度是不同的,一种物质在不同液体中的溶解度之比,称为溶比。某一种气体在脂类和水中的溶解度之比,称为该种气体的脂水溶比。由表 1-2 可以看出氮气的脂水溶比为 5.2,这说明脂肪更容易吸收氮气,因此在进行空气潜水时,同一时间内脂肪较多的潜水员会吸收更多的氮气,同样情况下需要更多的减压时间。

表 1-2 气体的溶解系数和脂水溶比表

气体名称	在水中的溶解系数（37 ℃）	在油中的溶解系数（37 ℃）	脂水溶比
氢气	0.16	0.045	2.8
氦气	0.008 7	0.015	1.7
氮气	0.013	0.067	5.2
氧气	0.024	0.12	5.0
二氧化碳	0.56	0.876	1.6
氩气	0.026 4	0.14	5.3

七、气体的热传导

热传导是热量传递的方式之一，即通过物体的直接接触传递热量。热传导的速度取决于两个因素：两个物体之间的温差、物质的导热系数。温差越大，热量传递速度越快。导热系数小，则热传导性差。表 1-1 给出了不同潜水气体的导热系数。

气体的导热系数不仅与其自身性质有关，还与其密度成正比。由表 1-1 可以看出，氦气的导热系数是空气的 6.2 倍。进行大深度饱和潜水时，潜水员身处高压氦氧环境下，更容易吸收或散失热量，因此对饱和舱室的环控提出了更高的要求。

八、湿度

湿度是气体中水蒸气含量的量度，湿度又分为绝对湿度和相对湿度。

绝对湿度是指单位体积气体中水蒸气的质量，单位为 g/m^3。在一定的温度下，气体中水蒸气的含量有一极限（饱和）值，超过这一饱和值，水蒸气将凝结成水。温度越高，饱和值越大；温度越低，饱和值越小。

相对湿度是指在一定的温度下，气体中水蒸气含量相对该温度下水蒸气含量饱和值的百分比。呼吸气体中有适量的水蒸气，用于湿润潜水员的呼吸道，提高其舒适感。但是当环境温度下降至露点以下时，水蒸气过多会在潜水装备里冷凝成细小的水珠而妨碍潜水员的视线、腐蚀装备；严重者冷凝水会凝结成冰碴，卡住呼吸阀中的组件，导致潜水员呼吸困难。

九、燃烧

燃烧需要具备三个条件，即氧气、可燃物质和温度。

可燃物质是否会燃烧，取决于环境中氧气的浓度，而不是氧分压。潜水作业涉及高浓度氧气甚至纯氧的使用，这些气体泄漏会导致封闭空间内氧气浓度迅速升高，增加了发生火灾的危险性。为防止火灾的发生，必须加强用氧管理，时刻监控作业舱室的氧气浓度，适当通风，并配以灭火装备。饱和舱室允许的最高氧气浓度是 23%。

第二节 ◎ 与潜水有关的气体及其性质

潜水活动涉及的气体种类很多,根据其性质、作用和来源的不同,可以分为以下几类:

(1)保证潜水员生命活动的气体:氧气。

(2)中性(惰性、稀释)气体:如氮气、氦气、氢气等。

(3)各类污染气体:如硫化氢、二氧化碳、一氧化碳等。

通常人们在水面或潜水时呼吸的都是混合气,即空气(主要由氮气和氧气组成)或人工配制的混合气,如氦氧混合气(主要由氦气和氧气组成)。氮气和氦气进入人体后,只是物理性地溶解在人体组织中,并不像氧气那样参与人体内的化学生理反应,所以被称为中性(惰性)气体,也称为稀释气体。

一、氧气(O_2)

氧气是由两个氧原子构成的双原子分子气体,在空气中约占 21%。当我们吸入空气后,只有氧气被身体所吸收、利用,其他气体则最终被排出体外。氧气无色、无味,化学性质活泼,很容易与其他元素发生反应,形成不同的氧化物。

除少数场合使用纯氧外,我们呼吸的氧气都需要经过其他气体的稀释才可以使用,空气也可看作被氮气稀释的纯氧。过高的氧分压会导致氧中毒,过低的氧分压则会造成人体呼吸困难,甚至因缺氧而昏迷。

潜水作业中使用的氧气应符合《潜水呼吸气体及检测方法》(GB 18435—2007),以及《医用及航空呼吸用氧》(GB 8982—2009)中关于医用氧气的技术要求(见表1-3)。

表 1-3 医用氧气技术要求

项目	指标
氧气(O_2)含量(体积分数)/10^{-2}	≥99.5
水分(H_2O)含量(露点)/℃	≤-43
二氧化碳(CO_2)含量(体积分数)/10^{-6}	≤100
一氧化碳(CO)含量(体积分数)/10^{-6}	≤5
气态酸性物质和碱性物质含量	按该标准第五章规定的检验方法检验合格
臭氧及其他气态氧化物	按该标准第五章规定的检验方法检验合格
气味	无异味
总烃含量(体积分数)/10^{-6}	≤60

二、中性气体

1. 氮气（N₂）

同氧气一样,氮气也是由两个原子构成的双原子分子气体,氮气无色、无味,在地球大气中约占79%。氮气既不助燃也不能维持生命活动。正常条件下,氮气一般不与其他物质发生反应。潜水作业中,氮气一般作为稀释气体,以调整氧浓度和氧分压,如进行氮氧混合气潜水,也称高氧潜水。但是当氮分压超过一定值时,潜水员会出现氮麻醉症状,影响潜水作业安全。

潜水用氮气应符合《潜水呼吸气体及检测方法》(GB 18435—2007)和《纯氮、高纯氮和超纯氮》(GB/T 8979—2008)规定的技术要求。

2. 氦气（He）

氦气是一种无色、无臭、无味的单原子分子气体。氦气是化学意义上的惰性气体,很难与其他元素发生反应,既不助燃,也不参与生命活动。氦气没有类似氮麻醉问题,用它取代氮气作为稀释气体进行氦氧混合气潜水时,可以避免氮麻醉问题,从而可以下潜至很大深度并持续很长时间。饱和潜水主要使用的就是氦氧混合气。另外,氦气的分子量较小,使用时呼吸阻力得以大大降低,极大地减轻了潜水员的负担。

氦气的缺点之一是导热系数非常大,在使用时潜水员有更高的保温要求。另外,还存在"氦语音"的问题,影响作业现场上下之间的沟通;再一个就是价格高昂,因此一般多用于工程潜水。

根据《潜水呼吸气体及检测方法》(GB 18435—2007)中的要求,用于常规氦氧潜水及氦氧饱和潜水的氦气纯度要求应符合《纯氦、高纯氦和超纯氦》(GB/T 4844—2011)中的规定。

3. 氢气（H₂）

氢气也是由两个原子构成的双原子分子气体,无色、无味。但其化学性质非常活泼,当空气中的氢气浓度达到4%~75%,遇明火就有发生爆炸的危险。氢气的优点是储量丰富,因此价格非常低廉,用它取代价格高昂的氦气,具有非常显著的经济性。

但氢气的使用也存在一系列问题,除易燃易爆外,还存在易泄漏、导热系数高、氢麻醉、"氢语音"等问题,均阻碍了其在潜水领域的进一步应用,因此目前用氢气取代或部分取代氦气仍处于试验研究阶段。

三、各类污染气体

污染气体主要是指饱和潜水舱室的建造、装修、密封材料释放出来的对处于高压密封环境的舱内人员有害的气体成分,以及潜水员的排泄物释放的气体、机械故障释放的有害气体等。另外,在水下原油或天然气开采现场进行潜水作业时也有可能将某些污染气体带回潜水舱室。潜水时有可能涉及的污染气体有硫化氢、一氧化碳、二氧化碳,以及氨气、二氧化硫等。

硫化氢有剧毒,味道刺鼻,短时间接触较高浓度硫化氢后会出现头痛、头晕、乏力等症状,甚至引发轻度意识障碍、癫痫样抽搐、全身性强直。因此,在潜水作业时,对呼吸气体中包括作业舱室中硫化氢的浓度都有严格的限制。

一般情况下,二氧化碳是无毒无害的,但呼吸气体中二氧化碳浓度过高会导致潜水员意识不清,甚至出现二氧化碳中毒(高碳酸血症)现象。另外,血液中二氧化碳含量增加会引起血管发生反射性收缩,导致人体组织的血流量减少,不利于潜水员的减压。

一氧化碳与血红蛋白的结合能力远远高于氧气,与血红蛋白的解离速度则远远低于氧气。吸入人体的一氧化碳会取代氧气与血红蛋白结合,妨碍氧气的吸入,干扰细胞的正常代谢,最终导致人体缺氧。

除上述几种气体外,潜水中常见的污染气体还有氨气、二氧化硫,以及丙酮、苯的挥发物等,《潜水呼吸气体及检测方法》(GB 18435—2007)中对这些气体的最大容许值均给出了相应的要求。

四、水蒸气

潜水呼吸气体中含有一定量的水蒸气可滋润潜水员的呼吸道黏膜,使潜水员感觉舒适,但含有过多的水蒸气会增大呼吸阻力。当环境温度低于露点时,水蒸气凝结成的水珠或冰碴会堵塞通气软管及气路、腐蚀装具,或者使头盔面窗模糊,影响视线。

水蒸气含量过低则导致呼吸道过于干燥,造成潜水员的不适。

潜水气体中水蒸气含量应符合《潜水呼吸气体及检测方法》(GB 18435—2007)中的要求。

第三节 ◉ 理想气体状态方程

与固体和液体不同,一定量的气体需要用温度、体积、压强这三个物理参数描述其状态。当其中一个参数发生变化时,必然导致另外两个参数发生变化。研究表明,在一定条件下,这三者之间的关系符合以下方程式:

$$pV = nRT$$

其中:p ——气体的压强,Pa;

V ——气体的体积,m³;

n ——气体物质摩尔数,mol;

R ——摩尔气体常数,8.314 J/(mol·K);

T ——绝对温度,K。

各物理量关系严格符合该式的气体,称为理想气体,所以上式称为理想气体状态方程。在实际中,真正的理想气体是不存在的,只有在较低压力和较高温度下,当气体分子相互间距离足够大且能量足够高的时候,可以近似地把实际气体当作理想气体来处理。

理想气体状态方程还有另外一种表达式。当处于一种状态的气体经过一系列过程转变为另一种状态时,转变前、后的状态参量的变化可由下式来表示:

$$\frac{p_1 V_1}{T_1} = \frac{p_2 V_2}{T_2}$$

其中:p_1、V_1、T_1——初始状态时的气体参数;

　　p_2、V_2、T_2——终了状态时的气体参数。

当其中一个参量保持不变时,该方程有以下几种变化。

一、恒温过程——玻意耳-马略特(Boyle-Mariotte)定律

玻意耳-马略特定律描述的是气体压强和体积之间的关系。用数学公式表示为:

$$pV=K(K代表恒量)　或　p_1V_1=p_2V_2$$

一定质量的气体在温度不变时,随着压强的增大,其体积减小;反之,则其体积增大。在潜水员上升减压过程中,随着压力的减小,其肺脏内的气体将随之膨胀,若不能及时排除,将会对潜水员造成伤害。因此,潜水员上升过程中,应绝对避免屏气。

二、恒容过程——查理(Charles)定律

查理定律描述的是气体的压强同温度的关系,用数学公式表示为:

$$\frac{p_1}{p_2}=\frac{T_1}{T_2}　或　\frac{p_1}{T_1}=\frac{p_2}{T_2}$$

一定体积的气体,比如潜水用的气瓶,随着温度的升高,其压强逐渐增大。刚刚配置好的气体温度较高,这时其表压要超过实际压力,需放置一段时间,待温度降至室温时再行读数。

三、恒压过程——盖-吕萨克(Gay-Lussac)定律

盖-吕萨克定律描述的是气体体积同温度的关系,用数学公式表示为:

$$\frac{V_1}{V_2}=\frac{T_1}{T_2}　或　\frac{V_1}{T_1}=\frac{V_2}{T_2}$$

随着潜水深度的增加,一般而言,水温是逐渐下降的。如下潜深度不大,水温变化较小,这一变化对潜水员呼吸气体压力的影响可忽略不计。但是当下潜深度很大,水温变化较大时,这一影响在进行气体量计算时必须考虑。

第四节 ◎ 水的物理性质

一、静水压

1.静水压的形成和计算

浸没在水中的任何物体都承受水的压力,物体单位表面积上所承受的压力称为静水压,单位为 Pa、MPa、标准大气压、bar。静水压的大小与水的密度及水深成正比,可用以下公式来表示:

$$p=\rho dg$$

其中:p——静水压,Pa;

　　ρ——水的密度,kg/m^3;

d——水深,m;

g——重力加速度,$9.8\ \mathrm{m/s^2}$。

由于在潜水行业普遍采用 10 m 水深的静水压作为 1 个标准大气压,所以静水压的计算公式可以简化为:

$$p = \frac{d}{d_0}$$

式中:p ——静水压,MPa(或 atm);

d ——水深,m;

d_0——当以标准大气压作为静水压单位时,d_0 = 10 m;而以 MPa 作为静水压单位时,d_0 = 100 m。

2.绝对压

物体单位面积上所承受的总压强,称为绝对压。物体在水下所承受的绝对压由水面以下的静水压和水面以上的大气压组成。

3.附加压

单位面积上所承受的不计大气压在内的那部分压强,称为附加压。因此,根据附加压的定义,人在水下受到的静水压也是附加压。而正常的大气压在潜水行业内称为常压。

通常,压力表都以正常大气压为基线,即指针的起始点(零位)表示 1 个标准大气压(0.1 MPa)。因此,压力表测得的压强就是附加压,所以附加压又称为表压。

4.静水压对潜水员呼吸气体体积和压强的影响

进行承压式潜水时,潜水员呼吸气体的压力等于潜水深度环境的压力,即该深度的绝对压。潜水员在水下所承受的压力与呼吸气体的压力随水深的增大而增大,随水深的减小而减小。但在不同水深,静水压增减的幅度是相等的,绝对压和气体体积增减百分比则不相等。

例如,有一个 1 $\mathrm{m^3}$ 体积的空气袋,从水面下降至水下 10 m,其体积会减小为原来的 1/2。再由 10 m 下降至 30 m 时,其体积减小为原来的 1/4(如图 1-3 所示)。可见最初 10 m 深度导致气体体积的减小远远大于随后 20 m 的变化。同样 1 $\mathrm{m^3}$ 体积的空气袋,从水面下 30 m 上升至 10 m 时,体积膨胀 1 倍,变为 2 $\mathrm{m^3}$;由 10 m 深度上升至水面时,再行膨胀 1 倍,变为 4 $\mathrm{m^3}$。最后 10 m 气体的膨胀量远大于之前 20 m 的膨胀量。

由此可知,潜水员下潜初期,由于绝对压增大和气体体积压缩比例大,如供气跟不上下潜速度,会导致潜水员身体含气腔室内的气体压力与环境压力无法迅速达到平衡,潜水员将受到挤压。相反,潜水员上升至较浅深度时,由于绝对压减小和气体体积膨胀比例大,潜水服内气体将迅速膨胀导致浮力骤增,这样可能会因为过快的上升速度造成"放漂"。

5.静水压对潜水员呼吸气体消耗数量的影响

由于潜水员需要呼吸相当于潜水深度环境压力的高压气体,因此在不同的潜水深度,虽然同样时间内所消耗的呼吸气体的体积变化很小,但是不同深度下同一体积的呼吸气体换算为常压状态下的体积有巨大的差别。

例如:潜水员在 30 m 水深呼吸气体压力为 0.4 MPa,在 90 m 水深呼吸气体压力为

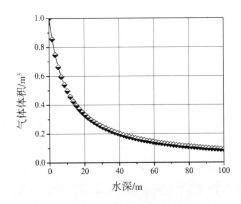

图 1-3　1 m³ 气体体积随水深变化曲线

1 MPa,如果潜水员每分钟呼吸气体平均消耗量为 40 L,那么换算为常压(0.1 MPa)状态下的体积:

30 m 潜水深度每分钟呼吸气体消耗量为:0.04 m³×4=0.16 m³;

90 m 潜水深度每分钟呼吸气体消耗量为:0.04 m³×10=0.40 m³。

由此可见,随着潜水深度的增大,潜水气体的消耗量将急剧增加。

二、水的浮力

水作用于浸入其中的物体垂直向上的力,称为浮力。根据阿基米德定律:浮力等于该物体排开同体积水的重量。

在水中,如果浮力大于物体的重力,则物体上浮,称为正浮力;如果浮力小于物体的重力,则物体下沉,称为负浮力;如果浮力等于物体的重力,则物体既不上升也不下沉,称为中性浮力。

1.潜水员的浮力

由于穿着潜水服、携带气瓶等,潜水员体积的增加量会大于重量的增加量,以至于在水中形成正浮力而不能下潜,因此潜水员需要配备压重(通常是压铅)来克服正浮力。但负浮力过大会造成潜水员在水下活动困难和疲劳,因此潜水员必须正确地配备压重,根据潜水作业的需要,形成合适的浮力。

潜水过程中,随着潜水深度的变化,潜水服特别是潜水服内的气体会被压缩或膨胀,在重量不变的情况下改变浮力,可能导致沉浮失控,发生"挤压伤"或"放漂"。

2.潜水员的平衡

潜水员在水下受到重力和浮力的共同作用,会影响潜水员在水下的平衡和稳定。潜水员在水下的平衡和稳定取决于重心和浮心在身体轴线上的位置。为保证潜水员在水下采用不同的体位和姿态,以及进行各种活动时的稳定和舒适,潜水员应保持重心在下、浮心在上,而且在一条垂直线上的距离适当。如果重心位置过高,潜水员容易倾倒;如果重心位置过低,潜水员屈身或进行其他活动比较困难;如果重心过偏,潜水员身体会向重心侧发生偏斜。

影响潜水员重心和浮心位置的主要因素是压重的重量和位置、携带的气瓶的位置以及潜水服内的气体量。在潜水过程中,压重的脱落(包括重装潜水时潜水鞋的脱落)、潜水服内气体量的变化,都会影响潜水员重心和浮心的位置,造成潜水员失去平衡和稳定。

三、水阻力对人体的影响

人在水中运动时,要受到水的阻碍,这种阻碍运动的力就是水阻力。潜水时,潜水员受到的水阻力主要来自水流。水流对潜水员产生的水阻力与水流速度的平方成正比。水阻力的大小还与潜水装具有关,如不同的潜水服、脐带的直径和长度等。

水阻力对潜水员的影响主要是阻碍潜水员水下活动和消耗潜水员体力。如果水流速度过大以至于威胁到潜水作业安全时,则应引起足够的重视。表 1-4 为 IMCA(国际海事承包商协会)提供的水流对潜水作业的限制表。

表 1-4　IMCA 提供的水流对潜水作业的限制表

流速/kn	0.0	0.8	1.0	1.2	1.5	1.8	2.0
水面管供在中层潜水	正常作业	一般性观察等工作	见注 1	见注 2			
水面管供在海底潜水	正常作业	强度较低的工作	一般性观察等工作	见注 1	见注 2		
干钟或湿钟在中层潜水	正常作业		强度较低的工作	一般性观察等工作	见注 1	见注 2	
干钟或湿钟在海底潜水	正常作业			强度较低的工作	一般性观察等工作	见注 1	见注 2

注 1:在这种流速情况下,潜水不再是常规操作。

注 2:在这种流速情况下,不应进行潜水作业,除非工程早期已经事先计划了在高流速下的潜水作业,特别的解决办法已经融入设备、技术、程序中,并且有克服流速、保护潜水员的办法,对预见的紧急情况能采取应急措施。

四、水温

自然界中的水体,视所处纬度不同,一年四季水温及其变化有所不同。例如,在我国的大部分地区,冬夏水温之差在 20 ℃左右,并且即便是同一季节、同一地域的水温,深度不同,也存在较大的差异。

根据水温变化的不同,我们一般将海水分为三层。10 m 以浅称为表层,这一层水温在这个深度范围内变化较小,但受环境气温影响较大,可在冬天降至 0 ℃以下,也可在夏季升至 20~30 ℃。10~20 m 范围称为中间层,由浅及深,水温变化较大。20 m 以深直至海底称为下层,这一层水温较为恒定,在我国北方海域,下层水温终年保持在 6 ℃以下。因此,只要潜水深度超过 20 m,无论表层水温如何,潜水员都将面临水下低温的问题。

除低温外,水的导热系数远远大于空气,约为空气的 4 倍。这意味着在水下潜水员体温散失的速度远远超过在陆上,若保温措施不够充分,则有可能导致其体温过低甚至低温症的发生。

五、声波、光等在水下的传播

1.声波的传播

声波在水中的传播速率更快(约1 500 m/s),传播距离更远。人通过声音判断物体的远近和方向是依据声波到达两耳的时间差,这将导致潜水员在水中往往不能准确地判别声源的位置和方位。

另外,水中不同温跃层之间存在较大的密度差,这会导致声波在水层间的传播能力迅速下降,当处于不同水层时,即使只有几米远的距离也可能听不到声音。声波在不同介质界面间的反射还会导致声波传播异常,如出现回声、死角和声音节点等,均会影响潜水员在水下的判断与安全。

2.光的折射

光进入水中会发生折射。折射会导致潜水员出现视觉误差,在物体位置的判断上出现失误,使近处的物体看起来比实际的距离要近一些,靠近潜水员的物体会显得只有实际距离的3/4。如果物体离潜水员距离较远,折射会使这些物体看起来比实际的距离更远。

光的折射导致潜水员在观察上出现的误差可以通过充分的训练和经验来克服。

3.光的散射

当光线遇到水中的悬浮微粒和水分子后会向四面八方无序地发散,这种现象称为光的散射。光的散射会降低物体和背景之间的对比度,对比度下降是潜水员水下视力下降的主要原因之一。

4.色觉

光线由空气进入水中,不同波长的光线会被逐渐过滤掉。随着水深的增加,最先滤掉的是红光,其次是橙光,然后依次为黄光、绿光、蓝光。由于水的滤色特性,当处于一定的水深时,不同物体的色彩趋于一致,降低了物体之间的对比度,最后使亮度成为区分不同物体的唯一因素,色觉逐渐失去意义。如果物体的亮度也与背景近似,即便是庞然大物,潜水员也可能无法识别。因此,色觉的丧失也是水中能见度降低的原因之一。

第二章
潜水生理知识

　　潜水过程从本质上来说是人体与水下高压环境相互作用的过程,因此水下环境及高压呼吸气体对机体的作用与影响也是潜水学科最为关注的核心问题。学习与潜水作业相关的人体各生理系统及解剖学方面的基本知识,了解水下环境及高压呼吸气体作用于人体所引起的生理机能和生理过程的变化,对于理解和掌握潜水原理、程序及方法,避免潜水疾病,保证潜水作业安全和效率是极为重要的。

　　人体主要生理系统有免疫系统、呼吸系统、循环系统、消化系统、神经系统、内分泌系统等,水下环境对这些生理系统均有不同程度的影响。限于篇幅和本书的侧重点,本章仅就呼吸系统、循环系统、神经系统做一简要介绍,详细内容可参阅有关专业著作。

第一节 ◎ 呼吸系统

一、呼吸器官

　　呼吸系统由呼吸道和肺构成。呼吸道包括鼻、咽、喉、气管及支气管等器官,如图2-1所示。通常把鼻、咽、喉称为上呼吸道,把气管及各级支气管称为下呼吸道。呼吸道将外界气体加温、湿润、过滤、清洁后输送至肺内,并把肺内气体排出体外,完成氧气和二氧化碳的交换。

　　肺是最重要的呼吸器官,在胸腔内分为左、右两部分。每部分由数个表面光滑的肺叶组成,每个肺叶上有无数个与各级支气管呈树枝状分布的气道相连通的小气囊,称为肺泡。正常成年人的两肺大约有 3 亿个肺泡,总面积可达 70 m^2,安静状态下用于气体扩散的面积约为 40 m^2,因此有相当大的储备面积。如此巨大的表面积可以保证呼吸气体各组分气体的分压与肺泡内相应气体的分压很快地达到平衡。

　　肺泡表面覆有一层结构复杂的薄膜,其上密布着毛细血管网。肺泡表面的液体层、薄层结缔组织、毛细血管基膜及内皮等构成了所谓的"气血屏障"。肺泡内的氧气与毛细血管中的二氧化碳及其他中性气体可以很容易地通过这层极薄的气血屏障进行扩散并迅速地达到平衡状态,以保证呼吸过程的正常进行。

二、呼吸过程

　　完整的呼吸过程包括如图 2-2 所示的几个重要环节:

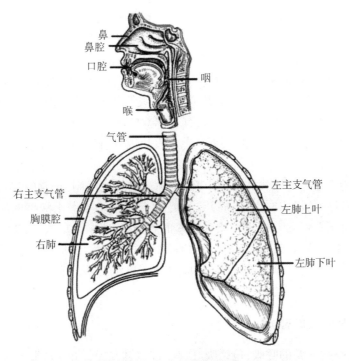

图 2-1　呼吸系统概观

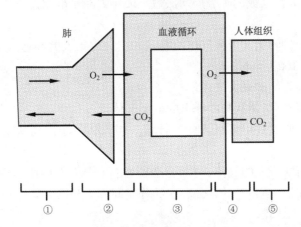

图 2-2　呼吸过程示意图

①肺与外界环境之间的气体交换过程；

②肺泡与肺毛细血管血液之间的气体交换过程；

③气体在血液中的输送过程；

④组织毛细血管血液与组织、细胞之间的气体交换过程；

⑤细胞对气体的利用与代谢过程。

　　气体是否进出肺脏取决于肺泡与外界环境之间的压力差。在正常环境下，即1个标准大气压下，这一压力差取决于肺泡内的压力，即肺内压。而肺内压的高低取决于肺的收缩与扩张。当肺扩张时，肺内压低于环境压力，气体流入肺内；当肺收缩时，肺内压高于环境压力，气体由肺内流出。

　　不过肺本身并不具备主动收缩和扩张的能力，它的收缩与扩张依赖于胸廓的运动来完成。而胸廓的运动是由呼吸肌的收缩与舒张来实现的。吸气时,膈肌和肋间外肌收缩,带动胸腔扩大,肺的容积也随之扩大,肺内压降低,外部气体流入肺内,这一过程是主动的。呼气时,膈肌和肋间外肌舒张,肺依靠自身的收缩力回缩,引起肺的容积减小,肺内压升高,肺内气体排出体外,在平静状态下,这一过程是被动的。实际上,呼吸运动是通过许多呼吸肌的协同活动来完成的,呼吸肌的协同活动则是呼吸中枢通过有关的躯体神经来支配的。正常人自动的、有节律性的呼吸受呼吸中枢反射性调节,当运动或劳动强度增大时,呼吸中枢的兴奋状态会发生改变,则呼吸频率及呼吸深度也会随之改变。

当环境压力大于所呼吸气体的压力时,胸廓运动受到限制,正常的呼吸过程难以进行,这就是使用呼吸管潜水时无法通过延长呼吸管长度增加潜水深度的原因。受潜水装具的结构设计、气体压力、气体性质等因素的影响,呼吸阻力增大,会增加呼吸肌的负担,导致呼吸困难。潜水员进行潜水时,随着潜水深度的增加,呼吸气体的压力必须也随之增大以保持胸腔内外压力的平衡,从而维持正常的呼吸运动。但呼吸气体压力的增大同时也加大了潜水员的呼吸强度。

三、与呼吸有关的概念

呼吸周期:一次完整的呼吸,包括吸气、呼气及它们之间的间歇期。

呼吸频率:1 min 内完成的呼吸周期次数。成年人在平静状态下正常呼吸频率为每分钟 12~18 次。

肺通气量:每分钟呼出和吸入气体的总量。正常成年人的肺通气量为 6~9 L/min,高强度劳动时可达 100 L/min。

肺总量:肺所能容纳的最大气体量。

肺活量:用力吸气后,能从肺内呼出的最大气体量。

潮气量:每次呼吸时呼出或吸入的气体量。当人体处于运动状态时,潮气量增大,最大可达到肺活量。

呼吸无效腔:每次吸入的气体,一部分会留在口、鼻或终末细支气管之间的呼吸道内,不参与肺泡与血液之间的气体交换,这部分空间称为呼吸无效腔。呼吸无效腔包括解剖无效腔和肺泡无效腔。

四、气体交换与输送

在前面介绍的呼吸过程的几个环节中,肺泡与肺毛细血管血液之间的气体交换过程,组织毛细血管血液与组织、细胞之间的气体交换过程分别代表人体循环系统与外界环境之间的气体交换过程,以及人体组织、细胞与循环系统之间的气体交换过程。

在肺泡与肺毛细血管血液之间的气体交换过程中,肺泡内气体的成分由于扩散发生变化,其中的氧气为毛细血管中的血液所吸收,血液中的二氧化碳则释放到肺泡内。气体的扩散方向取决于它们在不同组织与细胞内的分压值的大小,气体由分压高的地方向分压低的地方扩散。

由于肺部毛细血管通过肺泡膜和毛细血管壁的薄膜暴露于肺内气体,这种暴露发生在一个非常大的表面上,交换速度极快,因此肺泡内的气体和血液中的气体大体处于一个平衡状态。同样在组织毛细血管血液与组织、细胞之间的气体交换过程中,动脉血液流经包绕在组织细胞周围的动脉毛细血管网时,也会通过二氧化碳和氧气的扩散使血液与组织细胞间的气体压力达到一个大体平衡状态。这些气体既包括参与人体生理活动的氧气和人体生理活动产生的二氧化碳,也包括不参与人体生理活动的氮气和惰性气体(如氦气、氩气等)。

当劳动强度增加时,氧气的消耗和二氧化碳的产量均显著增加,单位时间流经肺部与组织细胞的血液量也会相应增加,以加快气体的传输速度。其结果是人体从肺泡中吸收更多的氧气,同时向肺泡内排出更多的二氧化碳。为了使这些气体在血液中处于适当的水平,必须根据氧气消耗量和二氧化碳的产量相应增加肺通气量。

血液中氧气和二氧化碳分压的变化会刺激人体神经中枢和外周化学传感器,最终将信号传递给呼吸中枢,引起呼吸的增强或减弱。血液中氧气浓度的降低和二氧化碳浓度的增加会促使呼吸频率的增加和呼吸深度的加大,以增加肺通气量。但是,单纯的氧分压的降低不会引起呼吸显著增强,除非这种降低已经非常之大。当某种原因导致血液内二氧化碳分压已经远远低于刺激呼吸的水平时,机体的呼吸活动便会受到完全的抑制,即便血液中氧分压远远低于危险水平,也可能无法刺激呼吸动作的恢复,使人体由于缺氧而导致意识丧失甚至死亡。

第二节 ◎ 循环系统

循环系统是由心脏、动脉、静脉及毛细血管所构成的闭合管道系统,血液在其中循环,充当物质输送的媒介。

一、肺循环与体循环

人体的血液循环由两个既紧密相连又各自独立的循环系统构成,即肺循环(小循环)与体循环(大循环)。

肺循环是指血液由右心室流出,经肺动脉及其分支到达肺部毛细血管,与富含氧气的肺泡完成气体交换后,将含氧量较低的静脉血转变成含氧量较高的动脉血,再经由肺静脉流回左心房的过程。

除肺循环之外的其他循环过程皆属于体循环,其中包括营养心脏自身的冠脉循环、为头部供血的脑循环等。在一次完整的循环过程中,血液先后经历肺循环及体循环过程,并且由右及左两次通过心脏(如图2-3所示)。

二、心脏、动脉、静脉及毛细血管

心脏是连接动、静脉的枢纽和保证全身血液循环的动力泵,通过心脏的收缩与舒张维持血液的循环过程。心脏也同时具有内分泌功能。

心脏结构中空,心壁几乎全部由肌肉组织构成。内部由心间隔分为互不相通的左、右两部分,每部分又各分为上、下两个腔,上腔为心房,下腔为心室,故心脏共有四个腔:左心房、左心室、右心房、右心室(如图2-4所示)。

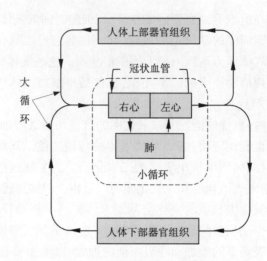

图 2-3　人体大小循环示意图

心脏的一次收缩和舒张构成了一个机械活动周期,称为心动周期。心动周期是心率的倒数,因此心率是心脏每分钟完成心动周期的次数。正常成年人的心率为 60～100 次/min,平均约为 75 次/min。心脏每分钟可泵出血液 5 L 左右,每次约 70 mL 左右。在运动、从事重体力劳动或情绪激动时心率会加快,泵血量会大大增加。

动脉:输送血液离心的管道,管壁较厚,由多层复杂组织构成。动脉在移行过程中不断分支,管径也逐渐减小,直到最后移行为毛细血管。

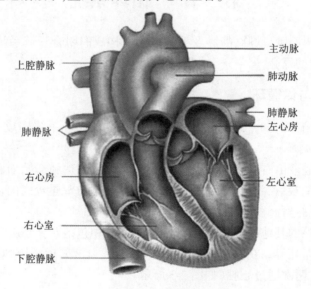

图 2-4　心脏结构图

毛细血管:连接动、静脉末梢的细小管道,管径为 6～8 μm。其管壁薄,具有良好的通透性,以利于气体和其他物质的扩散。毛细血管彼此吻合成复杂的网络系统,遍布全身,是血液与组织及细胞物质交换的场所。

静脉:输送血液回心的管道。毛细血管汇合成小静脉,小静脉再行汇合成中静脉、大静脉,最后将静脉血注入心脏。

动脉、静脉及毛细血管三者构成了人体血液循环的复杂管路系统,通过管路内流动的血液实现体内物质输送与组织及细胞物质交换等重要的生理功能。一个成年人所有血管总长大约为 9.6 万千米长,表面积约 4 000 m²。毛细血管延伸至人体的每一处组织与细胞,输送氧气与营养物质,并将二氧化碳及人体产生的废物排出。

三、血液

人体内的血液量是体重的 7%～8%,如体重为 70 kg,则血液量在 4 900～5 600 mL。血液由四种成分组成,包括血浆、红细胞、白细胞和血小板。红细胞含有可结合氧气及二氧化碳的血红蛋白,当血红蛋白暴露于肺部正常氧分压时会与氧气形成疏松的化学结合,随着血液流动将氧气输送至各处的毛细血管。

四、循环过程

血液经过循环系统逐级流至遍布全身的毛细血管,与各处的细胞及组织发生气体交换,释放携带的大部分氧气,同时收集组织与细胞排出的二氧化碳,然后经由小静脉、中静脉及大静脉返回右心房,再通过一个类似阀门的三尖瓣进入右心室。

通过右心室的有力收缩,进入右心室的血液再通过肺动脉及动脉分支进入肺部毛细血管,与肺泡进行氧气、二氧化碳以及惰性气体的交换,对于潜水员而言,也包括氮气、氦气或者氢气的交换。

在随后的心脏舒张过程中,完成气体交换,富含氧气的动脉血回流至左心房,再经二尖瓣泵入左心室。通过左心室强有力的收缩,血液被泵入大动脉,通过各级动脉分支以及小动脉进入毛细血管,缓慢而持续的血液流经毛细血管与组织和细胞再一次进行气体交换。至此,血液完成一个循环过程,这一过程大约历时 18 s。

除气体交换外,循环过程中人体还完成了其他营养物质、各种激素、生物活性物质以及机体产生的废物等的输送过程。因此,循环功能一旦发生障碍,人体的正常新陈代谢过程即会受阻,一些重要的器官将受到严重损害,甚至危及生命。

第三节 ◉ 神经系统

神经系统是人体内起主导作用的系统,负责调节和控制其他各系统的功能和活动,也是人体最为复杂的生理系统。神经系统在形态和机能上都是完整而不可分割的整体,但为了研究和学习方便,按其所在部位和功能,分为中枢神经系统和周围神经系统两大部分。

中枢神经系统包括位于颅腔内的脑和位于椎管内的脊髓。起源于大脑和脊髓的神经到达机体外周形成了所谓的周围神经系统,包括与脑相连的脑神经系统、与脊髓相连的脊神经系统以及交感神经系统。神经系统的功能活动十分复杂,但其基本活动方式是反射,是神经系统对内、外环境的刺激所做出的即时反应。内、外环境的各种信息,由感受器接收后,通过周围神经系统传递到脑和脊髓组成的中枢神经系统进行整合,再通过周围神经系统控制和调节机体各系统器官的活动,以维持机体与内、外界环境的相对平衡。综合而言,神经系统的主要功能有以下两点:

（1）调节和控制其他各系统的功能活动，机体成为一个完整的统一体。

（2）通过调整机体的功能活动，机体适应不断变化的外部环境，以维持机体与外界环境之间的统一与平衡。

第四节 ◉ 水下环境对人体的影响

一、压力对人体的机械作用

潜水时压力对人体的机械作用分为两种情况：第一种情况是压力在人体内外或人体的不同部位之间不形成压差，即人体均匀受压；第二种情况是压力在人体内外或人体不同部位之间形成压差，如肺、中耳鼓室、含气的胃肠腔、潜水头盔等，即人体不均匀受压。人体出现不均匀受压的情况，会导致潜水员气压伤的产生。因机体周围环境压力变化所造成的组织损伤，在加压下潜阶段称为挤压伤，在减压上升阶段称为气压伤。

二、高压对人体各生理系统的影响

高压环境下，人体会发生一系列复杂的功能改变。如循环系统的表现是红细胞、血红蛋白和血小板减少，白细胞增加。心血管系统表现为心率减慢、脉压减小、心输出量减少、心电图上 P-Q 间隔延长和 S-T 段升高等。呼吸系统的表现是呼吸频率降低、呼吸运动幅度和阻力增大、肺活量增加等。对消化系统的影响是消化液分泌减少、胃肠运动紊乱等。另外，对代谢的影响是代谢加快、耗氧量增加、体重降低，还可引发神经系统的加压性关节痛和高压神经综合征。但从目前情况来看，不论是在常规潜水，还是在更大深度的饱和潜水实践中，这些变化都表现为暂时的和可逆的。

三、热平衡

人体主要通过吸收食物中的营养物质（糖、脂肪等）与氧气发生化学反应，产生能量和热量。人体正常体温约为 37 ℃，产热约 100 kJ/h，每天产热约 2 400 kJ。若产生的热量不能及时排出，而在体内积聚，会导致体温急剧上升，出现高温症；反之，若产生的热量散失速度过快，超过身体的产热能力，则会导致体温下降过快，严重者出现低温症。

不同体温下人体的一般反应见表 2-1。

潜水员出现低温症的原因主要是身处低温水域，体温散失过快，因此潜水作业时，特别是在进行氢氧混合气潜水时，潜水员要采取一定的保暖措施，否则由于热量散失，潜水员很容易出现低温症。

体温超过 39 ℃就考虑可能出现高温症。情况比较轻者，会感到嗜睡，脉搏加快。情况严重者，会发生中暑（体温调节中枢失效），体温迅速上升。

一般在饱和潜水实践中很少出现高温症。在水温很高的水域潜水，劳动强度过大，或在空调制冷故障的舱内有可能出现高温症。

表 2-1　不同体温下人体的一般反应

体温/℃	症状
37	正常
36	增加新陈代谢,不能控制颤抖(大多数人)
34	判断力下降,语言含糊不清
31	颤抖减少,代之为肌肉僵硬;动作古怪和不平衡
28	举止不合理,昏迷,肌肉僵硬,脉搏、呼吸变慢
27	失去知觉和反射;瞳孔固定和放大,脉搏测不到并可发生室颤
25	心跳呼吸中枢死亡,室颤,死亡

四、水中污染物及其对人体的影响

水中的污染物有泄漏的重油及其他石油制品、各类病原体、重金属离子、水溶性化学品等。根据其性质及危害程度,水中污染物可分为以下三大类:

1.生物污染物

水中生物污染物的种类较多,通常来自生活污水、畜禽养殖场污水、制革和屠宰产生的废水、医院排出的废水等。这些污水中含有大量的病毒、细菌、寄生虫等各类病原体,如大肠菌群、蓝氏贾第鞭毛虫、杜氏利什曼原虫、血吸虫、甲型肝炎病毒等。

2.有毒化学品

有毒化学品包括重金属和有机污染物。这些污染物来自水体周边的工厂、农场、航行船舶排放的废水或人为和自然灾害导致的泄漏。

汞、镉、铅、砷、铁、镍、铬、钒、锰等重金属元素会对人体的生理活动造成不同程度的损害,并且这些重金属离子、络合离子或分子很难通过正常的新陈代谢过程排掉,它们对人体的危害具有累积效应。

有机污染物种类繁多,其中毒性较大、对人体影响较大的有酚类化合物、氰化物及各类致癌有机物等。

除对潜水员可能造成影响外,某些化学品对潜水装备也会造成损害,必须对此引起足够的重视。酸性或碱性物质会加速金属器件的腐蚀。某些溶剂类的化学品会迅速破坏橡胶类制品的完整性和密封性,即便是在浓度很低的情况下,也会大大缩短其使用寿命。

3.放射性物质

2023 年日本福岛核污水排放事件再次提醒人们海洋中放射性物质的存在与危害,目前国内潜水界尚无与放射性物质直接接触的报道。随着我国核能应用的发展,涉及核电站内部的水下检修及周边水域潜水作业的案例必将逐渐增加,潜水行业应高度重视并采取相应的对策来应对这一特殊情况。

第三章
潜水分类与潜水气体

根据潜水采用的呼吸气体、供气方式等不同,潜水可以按照多种方法进行分类。了解潜水的分类,掌握各类潜水的原理、优缺点和适用范围有助于我们根据潜水作业的任务要求以及拥有的潜水资源选择适宜的潜水类型,这对保证潜水作业的安全,提高潜水作业的效率和效益都是十分重要的。

潜水气体是指供潜水员进行潜水活动的呼吸气体及舱室气体,可以是天然空气,也可以是人工配制的混合气。潜水任务明确后,确定完成任务所需气体的种类和数量,并据此完成潜水所需气体的准备是潜水技术一个重要的组成部分。当然,对于空气潜水,主要是确定完成潜水作业任务所需要的压缩空气量;而对于混合气潜水,不仅要确定所需气体的种类和数量,还要确定所需混合气的成分比例。本章主要讨论人工配制的混合气。

第一节 ◎ 潜水分类及其表述

一、潜水分类方法

1.按照呼吸气体分类

按照潜水员采用的呼吸气体分类,潜水可分为呼吸空气潜水、呼吸人工配制的混合气潜水(当然空气也是一种混合气,但不是人工配制的),分别称为空气潜水、混合气潜水。

空气潜水顾名思义,潜水者仅使用压缩空气进行潜水。混合气潜水则需要根据所使用气体的种类明确表述呼吸气体的名称,如氮氧混合气潜水、氦氧混合气潜水。目前国内潜水界仅使用氦氧混合气,故业内所称混合气潜水就是指氦氧混合气潜水。

2.按照供气方式分类

供气方式是指向潜水员供应呼吸气体的方式。按照供气方式不同,潜水可以分为以下两种:一种是由放置在水面的气源(气瓶或压缩机)向潜水员供应呼吸气体(通过脐带),称为水面供气式潜水,简称管供式潜水(如图3-1所示);另一种是由潜水员自行携带气源(气瓶)供气,称为自携式潜水。通常,商业潜水都采用水面供气式潜水。

水面供气式潜水根据呼吸气体的更新方式又分为通风式和需供式。前者指水面持续供给呼吸气体,除少部分被潜水员使用外,混有呼出气体的多余气体排入水中;后者指潜水员仅在吸气时提供呼吸气体,呼气时即停止供给,呼出气体直接排入水中。使用需供式呼吸比较节省潜水气体。

图 3-1 水面供气式潜水

3.按照潜水装具分类

根据潜水装具发展阶段不同,潜水主要分为重装潜水和轻装潜水两类。先发展的是重装潜水,其装具特征是铜制的潜水头盔、带有螺栓的领盘和连成一体的潜水服,还包括前后压铅和特制的铜头铅鞋。相较于重装潜水,人们习惯上把后来发展的、较为轻便的潜水装具统称为轻装潜水装具,由此便有了轻装潜水之称。另外,重装潜水通常采用通风式供气,轻装潜水一般采用需供式供气。

4.按照潜水方式分类

根据潜水方式,潜水可分为两类,即常规潜水和饱和潜水。从水面出发,完成潜水(包括减压)后直接(经减压)返回水面,称为常规潜水(水面减压法只是常规潜水的一种减压方法)。常规潜水多用于深度较浅或时间较短的潜水作业中。从一定深度(高压环境)出发,完成潜水后再返回这个深度(居住深度),称为饱和潜水。饱和潜水多用于作业时间较长的潜水任务中。特别要指出的是,氢氧混合气潜水不等于饱和潜水,氢氧混合气潜水分为常规潜水和饱和潜水两种方式。相对于饱和潜水来说,常规潜水又称为非饱和潜水。

5.按照潜水目的分类

根据潜水目的的不同,潜水又可分为工程潜水、军事潜水、公共安全潜水、科学潜水、休闲潜水及竞技潜水等。工程潜水,也称产业潜水,是以完成不同工程的水下作业任务为目的的潜水活动,如救助打捞、海洋工程、港航桥隧、水利水电等;军事潜水,是以完成一定军事任务为目的的潜水活动,如水下攻击、水下侦察、水下清障、水下爆破等;公共安全潜水是指发生水上事故或事件时,由消防救援、执法、救捞等政府部门或民间救援组织执行水下人命搜索与救援、证物采集及轻型打捞等任务的潜水及水下作业活动;科学潜水是为海洋生物研究、海洋遥感观测和测量、海洋资料和样品搜集及海底考古等提供潜水技术手段的潜水活动;休闲潜水是以运动、娱乐观光为目的的潜水活动,包括水下观光、水下摄影、水下探险等;竞技潜水是以挑战人类生理极限为目的的潜水活动。

二、潜水类别的表述

为了准确反映所从事的潜水类别,应正确、全面表述潜水活动的特征。正确、全面的表述应该包括采用的呼吸气体、潜水方式、供气方式和潜水装具,如水面供气常规氦氧混合气轻装潜水。

但这样的表述十分复杂和烦琐,对于潜水装具,除进行通风式重装潜水需特殊指明外,通常不再表述采用的潜水装具。由于空气潜水基本上都是常规潜水,因此空气潜水通常不表述潜水方式,如水面供气式空气潜水、自携式空气潜水。

饱和潜水都是由水面供给呼吸气体,因此饱和潜水通常不再表述供气方式,如氦氧饱和潜水、氮氧饱和潜水。

虽然在日常使用中习惯采用更为简洁的方式来表述潜水类别,但在容易混淆的时候还是要正确、全面表述。对某些特殊的潜水类别更要正确指明,如:采用SDC-DDC(潜水钟–甲板减压舱)方式的氦氧常规潜水(邦司潜水),以区别于水面供气式氦氧常规潜水;采用开式钟方式的空气潜水,以区别于水面供气式空气潜水。

第二节 ◎ 几种主要的工程潜水方式

一、空气潜水

呼吸气体为空气的常规潜水称为空气常规潜水,简称空气潜水。

1.空气潜水的分类

空气潜水包括自携式潜水和水面供气式潜水。当然在进行深度较深的空气潜水时,也有采用开式钟潜水方式的,但本质上开式钟潜水也是水面供气式潜水。

(1)自携式潜水

自携式潜水是由潜水员自己携带的气瓶供给压缩空气的潜水方式,一般多为常规潜水。自携式潜水没有脐带,因此装备比较简单,行动起来也比较灵活自如。但自携式潜水携带的气体量有限,与水面缺乏有效的通信手段,也没有热水保暖,因此只能在较浅的深度潜水(30 m以浅),并且通常都是在水温较高和水流较缓的水域进行,潜水作业时间很短,作业内容也较为简单(如水下观察,简单的水底打捞、采集等)。

(2)水面供气式潜水

水面供气式潜水是指高压空气由水面通过潜水员脐带中的供气软管供给的潜水方

式,根据潜水员利用呼吸气体方式的不同,又可分为通风式和需供式。相较于自携式潜水,水面供气式潜水的装备比较复杂,而且潜水员活动受到脐带的限制,灵活性稍差。

水面供气式潜水除了可通过脐带由水面持续给潜水员提供呼吸气体外,还可以使潜水员获得水面通信、热水、照明、深度和视频监控等方面的帮助,并配备有救生索。因此,水面供气式潜水潜水深度大、潜水时间长、安全性高,能在水温低和能见度差的水域作业,适合较为复杂的潜水作业。另外,在条件允许的情况下,减压时间较长的空气潜水,可以采取水面减压的方式进行,即部分深度较浅、时间较长的减压过程可以在减压舱内进行,这可以大大提高潜水员减压的舒适性。

水面供气式空气潜水是目前商业潜水广泛采用的潜水方式,是重要的潜水方式。

2.空气潜水的优越性

空气潜水的呼吸气体是高压空气,高压空气容易采集、成本低廉,而且空气潜水不需要人工配置呼吸气体,其设备比较简单,故空气潜水的技术相对而言比较简单。

3.空气潜水的局限性

空气潜水最大的问题是潜水深度浅。随着空气潜水深度增大,呼吸气体(空气)中的氮分压也不断增大,最终会导致潜水员出现氮麻醉症状。当空气潜水深度超过70 m时,呼吸气体(空气)中的氧分压超过0.16 MPa,就可能发生惊厥型氧中毒,对潜水员的身心健康造成威胁。此外,由于空气密度大,潜水员在潜水时存在呼吸阻力大的问题,这会增加潜水员的劳动强度。另外,随着潜水深度的增加,减压的时间延长,空气潜水失去了应用价值。

上述情况严重制约了空气潜水的潜水深度和潜水时间。因此,国际上规定空气潜水的潜水深度不得超过50 m;我国目前规定空气潜水的潜水深度不得超过57 m,且潜水深度超过50 m时应使用潜水吊笼或开式钟。

二、氦氧混合气潜水

潜水员呼吸人工配制的氦氧混合气,从水面(常压)出发进行潜水,完成潜水后,直接(经过减压)返回水面,我们把这种潜水方式称为氦氧混合气常规潜水,或简称氦氧混合气潜水。氦氧混合气潜水适用于作业深度在50~120 m、单次作业时间不长(水底时间一般不超过1 h)的潜水作业。

1.氦氧混合气潜水的优越性

与空气潜水相比较,氦氧混合气潜水的潜水深度更深。因为它用氦气取代氮气作为潜水员呼吸气体的中性气体,并通过调节人工配制的氦氧混合气中的氧浓度来控制潜水员呼吸气体的氧分压,避免了大深度空气潜水的氮麻醉、氧中毒等问题。另外,氦气的分子量和密度都仅为氮气的七分之一左右,潜水员呼吸氦氧混合气的呼吸阻力大为减小,有效地减轻了潜水员的工作强度。因此,相比空气潜水,进行氦氧混合气潜水的潜水员可以安全地进入更深的水域,有效地增大了潜水作业深度。

2.氦氧混合气潜水的局限性

氦气在人体组织内的扩散速度比氮气快,溶解度比氮气小。因此,当环境压力减小时,氦气更容易析出并形成气泡,所以氦气的过饱和安全系数较氮气小。另外,氦氧混合气潜水的深度通常要大于空气潜水,在制定氦氧混合气潜水减压表时,所采用理论组织的半饱和时间更长。氦氧混合气潜水作业深度更大,使得后来的减压时间急剧延长,这是制约氦氧混合气潜水作业深度和作业时间的主要原因。

另外,氦氧混合气潜水由于潜水深度大,作业地点水温一般都很低,再加上氦气的导热系数(约是空气的6倍)比氮气大,进行氦氧混合气潜水时,潜水员体温散失速度远远超过空气潜水。此外,"氦语音"问题严重影响了潜水员与水面人员的有效沟通,氦气高昂的价格也带来了经济性问题。

国际上和我国都规定氦氧混合气潜水深度不得超过120 m。

3.氦氧混合气潜水的类型

尽管与空气潜水同属常规潜水,但是由于潜水深度大,减压时间长,氦氧混合气潜水在潜水方式上,与空气潜水还是有许多不同的地方。目前主要采用以下几种潜水方式:

(1)水面供气式

水面供气式氦氧混合气潜水又分为水下减压和水面减压两种方式,具体有以下三种类型。

①水面供气-水下减压方式

与空气潜水类似,水面供气-水下减压方式的呼吸气体由水面提供,全部减压都在水下完成,设备和技术都比较简单。国内通常允许的最大潜水作业深度不超过75 m,最长潜水时间为20 min。

②水面供气-水面减压方式

水面供气-水面减压方式是部分减压在水面的减压舱内完成的潜水方式。该方式的优点是可以在不使用SDC的情况下,缩短潜水员水下减压时间。不过这种方式仍需要进行较长时间的水下减压,并且与空气潜水相比,氦氧混合气潜水采用水面减压时出现减压病的风险相对较大。

目前该方式的最大潜水深度已达106 m,这一深度允许的最长潜水时间为20 min。

③开式钟方式

开式钟方式是全部减压在置于水中的开式钟内进行的潜水方式,实际上这是一种改进的水面供气-水下减压方式。其优点是潜水员在水下的减压条件有所改善,对减压的承受能力有所提高,同时开式钟也为潜水员提供了一个水下应急避难场所。因此,开式钟方式的潜水作业深度和作业时间与传统的水下减压方式相比有一定程度的增加,通常允许的最大潜水作业深度不超过90 m。不过目前开式钟潜水在国内还没有被广泛采用。

(2)潜水钟-甲板减压舱(SDC-DDC)式(邦司潜水)

氦氧混合气潜水的深度比较大,当深度超过75 m时,潜水员减压时间长,因此,一般应采用潜水钟-甲板减压舱(SDC-DDC)进行潜水。具体过程如下:

潜水员首先进入SDC,然后将SDC投放到预定的作业深度。将SDC加压到相应的深度(压力),打开SDC,潜水员进入水中作业。完成作业任务后,潜水员回到SDC,SDC提升至水面开始减压,或潜水员在高压下由SDC进入DDC进行减压。在这种潜水方式下潜水员可以以较快的速度下潜和(高压下)返回水面,故也称邦司潜水(Bounce Drive,即跳跃式潜水)。

这种方式的优点是可以避免潜水员在水下减压,而且潜水员在 DDC 内吸氧减压,能大幅度缩短减压时间。因此,其最大潜水作业深度为 120 m,该深度允许的最长潜水时间(水底时间)为 50 min。

三、饱和潜水

1.饱和潜水的原理

饱和潜水是潜水员从水下某个深度(通常是相当于该深度环境压力的高气压环境,我们把该深度称为居住深度或饱和深度)出发潜水,完成本次潜水后,再返回居住深度(休息)。这种潜水—休息—潜水—休息循环可反复多次进行,中间无须减压,因为在这个过程中潜水员承受的(水、气)压力是不变的。待预定潜水作业任务全部完成后,潜水员再一次性减压返回水面(常压)。

由于在这一过程中,潜水员在水下停留的时间足够长(24 h 以上),人体组织中中性气体的分压就达到与呼吸气体中该中性气体的分压平衡的状态(完全饱和)。之后潜水员在该深度无论再停留多久,人体组织中的中性气体都不会再增加,因此减压时间也不会因停留(潜水)时间延长而再延长,从而在减压时间基本不变的情况下大大地延长(从理论上讲是无限延长)了潜水作业时间。目前国内产业潜水应用的都是氦氧饱和潜水。

2.饱和潜水的优点

(1)大幅度增加了潜水深度和潜水时间

饱和潜水大幅度增加了潜水深度(世界上饱和潜水高压舱模拟潜水深度已超过700 m),延长了潜水作业时间(理论上是无限延长),因此,饱和潜水使大深度潜水作业成为可能。

(2)大幅度提高了潜水作业效率

饱和潜水不仅使大深度潜水作业实际可行,而且饱和潜水具有比非饱和潜水更高的潜水作业效率。衡量潜水作业效率的常用公式是:

$$潜水作业效率 = \frac{潜水作业时间}{潜水作业时间 + 减压时间} \times 100\%$$

按此公式进行实例比较分析结果(见图 3-2):

①100 m 氦氧常规潜水:潜水作业时间为 30 min,减压时间为 390 min,潜水作业效率为 7.1%。

②100 m 氦氧饱和潜水:潜水作业时间为 14 400 min(以饱和 15 天,每天作业 16 h 计算),减压时间为 4 025 min,潜水作业效率为 78.2%。

3.饱和潜水的应用

据资料统计,在海上油田开发领域,常规潜水占潜水总量的 25%~30%,饱和潜水占70%~75%。目前饱和潜水主要应用在大深度水下救助打捞、海洋工程以及军事领域,适用深度在 450 m 以浅,实践中大部分水下工作集中在 75~300 m 的水深范围。

我国在 20 世纪 70 年代就开始了饱和潜水技术的研究工作。2006 年 10 月—12 月,上海打捞局采用饱和潜水成功完成南海番禺油田立管更换工程,作业深度达到 105 m。2014 年 1 月,我国完成 300 m 饱和潜水作业,巡回潜水深度达 313.5 m。2021 年 6 月,我国成功完成了

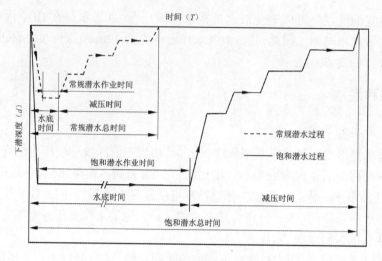

图 3-2　饱和潜水与常规潜水作业效率比较

首次 500 m 饱和潜水陆基实验,这标志着我国饱和潜水技术水平迈上了一个新的台阶。

第三节 ◎ 潜水气体的配置

　　无论是空气潜水还是混合气潜水甚至饱和潜水,潜水作业的关键都是为潜水员提供适合作业深度的潜水气体,包括供潜水员进行潜水活动以完成预定作业任务的呼吸气体及舱室气体。潜水气体可以是空气,也可以是人工配制的混合气。潜水任务明确后,确定完成任务所需气体的种类和数量,并据此完成潜水所需气体的准备是潜水技术的一个重要组成部分。对于空气潜水,主要是确定完成潜水作业任务所需要的压缩空气量;而对于混合气潜水,不仅要确定所需气体的种类和数量,还要确定所需混合气的成分比例。

一、潜水气体配置的一般原则

　　进行混合气配置时,首要任务就是根据潜水作业深度及停留时间来确定混合气中各组分气体的分压,使其处于一个合适的范围,从而避免氮麻醉、氧中毒及缺氧现象的发生,这也是气体配置中最关键的问题。其次便是供气量的确定,根据作业时间、作业量估算需提供的气体量,避免作业时供气不足。另外,还有经济方面的考虑,比如氦气的价格高昂,允许的情况下可考虑适当降低氦气的使用量。

二、潜水气体成分与气体量的计算

　　混合气中最重要的组分就是氧气,氧气最主要的参数就是它在工作深度的分压值,而氧分压取决于潜水作业深度或混合气总压。需要指出的是,人体对高氧分压有一定的耐受度,如果暴露时间较短,即便在较高的氧分压下,仍然是无害的。因此,潜水员进行潜水作业时,根据作业时间长短,允许的氧分压有所不同。另外,较高的氧分压有利于防止减压病的发生,允许的情况下,可考虑尽可能使用高氧分压的混合气。表3-1给出了不同暴露时间内允许承受的最大氧分压,据此便可以计算常规潜水用混合气的氧浓度。

表 3-1 不同暴露时间内允许承受的最大氧分压

正常暴露		例外暴露	
暴露时间/min	最大氧分压/MPa	暴露时间/min	最大氧分压/MPa
30	0.16	30	0.20
40	0.15	40	0.19
50	0.14	60	0.18
60	0.13	80	0.17
80	0.12	100	0.16
120	0.11	120	0.15
—	—	180	0.14
240	0.10	240	0.13

潜水员耗气量则根据潜水员单位时间的耗气量,结合潜水深度及安全系数计算。

三、混合气配制方法

根据设备条件和工作环境的不同,常用的混合气配制方法有:称重法、容量法、分压法、连续流量法、膜分离法以及自动配气法。其中以分压法较为适合潜水现场气瓶配气使用。

分压法的原理是根据道尔顿分压定律——混合气的总压(强)等于各组分气体分压(强)之和,因此混合气的浓度确定之后各组分气体的分压便可经计算得出。然后通过精密气压表向气瓶内注入各组分气体至相应分压,混合均匀,经校核修正无误即可完成配气。

有时为避免现场进行气瓶配气时计算错误,也可以将不同情况下各种浓度气体进行混合气配制时所有的结果事先计算出来,并列成方便查阅的表格。一旦有需要即可根据现场气体资源及要求迅速查出结果并进行正确配气,这样既可以避免计算错误,也可以保证气体配置的迅速快捷。

四、配制氦氧混合气注意事项

1.配制成的氦氧混合气允许误差

目前采用混合气允许误差为:±混合气设定氧浓度×5%。

例如,配制氧浓度为3%的氦氧混合气时,最终配制成的氦氧混合气的氧浓度范围应在2.85%~3.15%。

2.气体输入受气瓶的程序

配制混合气时为了使几种气体充分混合,应提高配气精确度,气体输入受气瓶的程序必须是先轻后重,即按纯氦、低氧浓度混合气、高氧浓度混合气、纯氧的次序。

3.影响配气精确度的其他注意事项

压力表读数、管路长度、配气时气瓶温度的变化都会影响到配气精确度,这些因素在配气时必须加以考虑。另外,气瓶容积直接影响气体配制计算值,也影响配制精确度。因此,在配制混合气时,必须保证气瓶容积与计算时相符。

五、气体分析和校正

配制的混合气必须经过分析,确认氧浓度在允许的误差范围内才能使用。如果氧浓度超出允许误差范围,则必须校正氧浓度至允许的误差范围内方可使用。

1.分析时间与方法

为了使配制的混合气充分混合,减少分析误差,最好在完成配制后 24 h 再进行分析,至少也要 6 h 后再进行分析。

在对气体进行分析前,要对氧分析仪进行预热,用标准气校正。如果使用取样气袋对待分析的混合气进行气体取样,要反复采气和放气,清除气袋内残留的空气,以免影响分析结果。随后在氧分析仪上进行混合气的氧浓度分析,获得分析结果。

2.氧浓度校正

如果配制的混合气氧浓度超出允许误差范围,需进行氧浓度校正。

如果氧浓度偏低,先计算需要的补氧量,也就是压力值,随后对该混合气补氧。计算和补氧方法与用低氧浓度的混合气和纯氧配制高氧浓度的混合气完全一样。

如果氧浓度偏高,先计算需要的补氦量,也就是压力值,随后对该混合气补氦。经过校正的混合气需要再次分析,分析的时间和方法完全同上。如分析后氧浓度仍超出误差范围,则再进行校正和分析,直至氧浓度达到允许误差。

氧浓度偏高的混合气校正操作十分复杂,因此,在配制混合气时,宁可氧浓度偏低,也不要偏高。

第四章
减压理论及减压方法

在潜水领域,减压是指潜水员完成潜水作业任务后上升返回水面的过程中,由于这时周围压力降低,原来溶解在潜水员体内的中性气体便会向体外扩散和逸出。若上升速度过快,环境压力骤然降低,快速逸出的中性气体便会在潜水员身体内形成气泡,导致减压病的发生。

安全减压是指在减压过程中,科学合理地设计减压步骤与程序,使潜水员以适当的速度、幅度向较低压力移行,保证机体内溶入的中性气体被安全排出,避免减压病的发生。

20世纪初,英国著名生理学家何尔登(Haldane)对空气潜水过程中氮气在人体组织内溶解扩散直至饱和,以及随后上升减压过程中的过饱和、脱饱和等问题进行了系统的实验研究,同时结合大量实践案例的总结创立了安全减压理论,为保证潜水安全做出了巨大的贡献。学习减压理论,了解和掌握安全减压原理和方法,是科学合理地运用潜水技术从事潜水实践、潜水作业管理所必备的理论基础。

本章概述了何尔登安全减压理论,并在此基础上介绍了各种减压方法及潜水减压表的使用等。

第一节 ◉ 中性气体的饱和、过饱和与脱饱和

一、中性气体的饱和过程

潜水员进入水中开始呼吸高压气体后,呼吸气体中的高分压中性气体便会通过呼吸-循环系统逐渐扩散到人体各组织中去。随着时间的推移,血液循环的每一次进行都在不断地提高潜水员体内中性气体的分压和溶解量,直到最终溶入人体组织内的气体分压与呼吸气体中该气体的分压逐渐趋于平衡并最终达到饱和。

达到饱和以后,只要潜水深度不再增加,即便进一步延长潜水员的水下停留时间,人体中溶解的中性气体分压也不再增加,因此也不会影响随后的减压时间。现代饱和潜水技术正是基于这一事实提出和发展起来的。从这个意义上讲,常规潜水时间内,潜水员体内的中性气体均达到饱和,潜水时间不同,中性气体溶解量不同,最后的减压时间也不同。

二、中性气体饱和度的增长规律

1.饱和度及饱和度缺额

中性气体在潜水员体内的饱和过程是一个中性气体量或者说中性气体分压随着时间的推移逐渐增加的过程,这一过程可以用百分数来半定量表示。

在潜水医学或高气压医学中,通常用饱和度这一概念来表示中性气体在人体组织内的增加程度,或用饱和程度表示,即中性气体"填满"人体不同组织的百分比。

饱和度缺额则表示人体组织尚未被中性气体饱和的程度,即尚未"填满"部分所占的比例。不难看出两者之间是此消彼长的,饱和度越高,则饱和度缺额越小。

2.饱和度增长规律

根据估算,潜水员体内的血液每循环一次,其体内中性气体增加的饱和度约为 4%,则余下的饱和度缺额为 1−4%;第二次循环,中性气体饱和度在前一循环剩余饱和度(饱和度缺额)的基础上又增加了 4%,因此第二次循环完成增加的饱和度为 4%×(1−4%),而这时的饱和度缺额则为 $(1-4\%)^2$;依此类推,后一循环完成增加的饱和度都是之前各次循环剩余饱和度缺额的 4%,即按指数关系递减。图 4-1 给出了随着血液循环次数的增加,累计饱和度 S 和饱和度缺额 V 的变化。

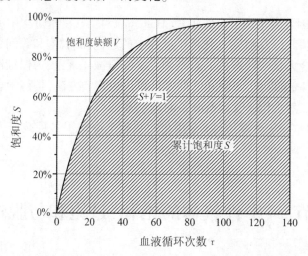

图 4-1　随血液循环次数增加,累计饱和度 S 和饱和度缺额 V 的变化

3.半饱和时间和假定时间单位

(1)半饱和时间

半饱和时间是指完成中性气体在人体组织内饱和度缺额一半所需要的时间,一般用 $t_{1/2}$ 来表示,单位为 min。

不同的人体组织具有不同的性质,即使是同一种中性气体其半饱和时间也是不同的,如氮气对血液或淋巴组织的半饱和时间是 5 min,对脑灰质的半饱和时间则是 10 min。不同组织的半饱和时间反映了该组织溶解中性气体速度的快慢。

(2)假定时间单位

假定时间单位是指以半饱和时间作为中性气体在人体组织内饱和的计时单位,实

际时间除以半饱和时间就等于假定时间单位,即

$$假定时间单位 = \frac{实际时间}{半饱和时间}$$

假定时间单位可用 n 来表示,则

$$n = \frac{T}{t_{1/2}}$$

其中:T——实际时间,min。

根据假定时间单位的定义不难发现,在前、后两个假定时间单位内,完成的中性气体在潜水员体内的饱和度是不同的,后一个假定时间单位内完成的饱和度总是前一个假定时间单位所完成饱和度的一半,并依次按指数关系递减。即第一个假定时间单位完成 50%,第二个假定时间单位完成 25%,第三个假定时间单位完成 12.5%……

4.理论组织

为定量地研究中性气体在人体不同生理组织中的运动规律,也为简化计算,人们根据人体各类组织中性气体半饱和时间长短的不同划分出了不同类别的组织,如 5 min 组织、20 min 组织等。这样分类的组织被称为理论组织,以区别于正常的生理组织。

使用的中性气体不同,理论组织的划分也不同。常规潜水与饱和潜水也有不同的理论组织划分。在空气潜水经典减压理论中,根据氮气在人体不同组织中半饱和时间的不同,通常将人体组织划分为 5 类理论组织,如表 4-1 所示。

表 4-1　空气潜水中氮气的理论组织划分表

理论组织类别	半饱和时间/min	代表组织
Ⅰ（5 min 组织）	5	血液、淋巴
Ⅱ（10 min 组织）	10	腺体、脑灰质和脊髓灰质
Ⅲ（20 min 组织）	20	肌肉
Ⅳ（40 min 组织）	40	脂肪、神经系统白质
Ⅴ（75 min 组织）	75	肌腱、韧带

5.饱和度在人体组织中的累积

经过第一个假定时间单位,潜水员人体组织内氮饱和度增加了 50%,饱和度缺额为 50%;经过第二个假定时间单位,潜水员人体组织内氮饱和度累计增加为 75%,饱和度缺额则为 25%;依此类推,随着假定时间单位数的增加,潜水员人体组织内氮饱和度累积值会越来越大,饱和度缺额越来越小(见表 4-2 及图 4-2)。

这一变化趋势也可用下式表示:

$$S = 1-(1-50\%)^n$$

或简化为:

$$S = (1-0.5^n) \times 100\%$$

其中:S——累计饱和度;

n——假定时间单位数。

由上述关系式不难看出,由于饱和度的增加,相对假定时间单位呈指数关系增长,

因此需要经过无数个假定时间单位,氮气在人体组织内的溶解才能接近完全饱和,即100%的饱和度。但在实际上经过6个假定时间单位后,饱和度已达98.437 5%,我们通常认为这已经达到了100%的饱和。

表 4-2 饱和度累计表

假定时间单位数 n	饱和度增长幅度	饱和度缺额	饱和度累计
1	50%	50%	50%
2	25%	25%	75%
3	12.5%	12.5%	87.5%
4	6.25%	6.25%	93.75%
5	3.125%	3.125%	96.875%
6	1.562 5%	1.562 5%	98.437 5%

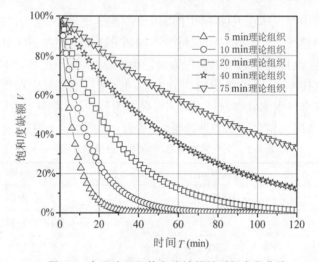

图 4-2 各理论组织饱和度缺额随时间变化曲线

三、中性气体在人体组织内的过饱和

经过一定的时间,呼吸气体中的中性气体在潜水员体内各类组织中达到相应的饱和度。如果此时潜水员上升减压,呼吸气体的压力也同样降低,则呼吸气体中的中性气体分压也随之降低。这时某些人体组织(或某类理论组织)内的中性气体分压会大于呼吸气体中的中性气体分压,即该中性气体在这些人体组织中的溶解量超过了该分压下的最大溶解量,这种状态称为中性气体在人体组织内的过饱和。

四、中性气体在人体组织内的脱饱和

达到过饱和状态以后,这时潜水员体内的中性气体分压要高于呼吸气体中的中性气体分压。由于压差梯度的存在,潜水员体内的中性气体就会向体外扩散排出,直至与呼吸气体中的中性气体分压平衡为止,这个过程称为中性气体在人体组织内的脱饱和。

传统减压理论认为饱和与脱饱和的差异仅在于气体扩散方向的不同,其他如扩散速度、扩散规律等都是相同的。因此,根据半饱和时间划分的各类理论组织的脱饱和速

度与饱和速度也是完全相同的。

但近来的一些研究结果显示,中性气体在人体组织中的饱和与脱饱和速度并不是相同的,往往饱和速度远远大于脱饱和速度,即中性气体的脱饱和时间要大大长于饱和时间。有分析认为这与中性气体分子(或原子)由气相转入液相与由液相转入气相之间的差异有关,饱和时气体的扩散有更大的压差梯度来驱动,以及减压时血液中可能出现的一些极微小的"隐形气泡"改变了气体分子(或原子)在血液中的扩散速度。

第二节 ◉ 安全减压

一、安全减压的定义

安全减压是指在减压过程中,根据作业情况、呼吸气体成分等条件,按照保证人体安全所需要的速度、幅度、步骤向较低压力环境移行,使人体组织内的中性气体能够安全地脱饱和。

如果减压速度过快、减压幅度过大,则会导致人体组织中游离出来的中性气体分子聚集形成气泡,滞留在血液、脂肪、关节等处,造成血管栓塞及各种损害,表现为皮肤瘙痒、肢体疼痛、瘫痪甚至死亡。从减压的角度我们称之为减压不当。

因此在潜水员完成潜水上升返回水面(常压)的过程中,如何控制中性气体的脱饱和速度,避免中性气体从人体组织中游离出来形成气泡,这是安全减压的关键所在。

二、何尔登安全减压理论

1907—1908 年,何尔登受英国海军部之邀对当时潜水员频发的减压病进行研究以寻找解决对策。何尔登及其同事通过分析发现:不超过 12.5 m 水深的空气潜水,无论潜水员潜水时间多长,上升速度有多快,都不会造成减压病。如果在 12.5 m 以深潜水并超过一定时间,然后迅速上升至水面,潜水员就可能罹患减压病。何尔登在前述发现的基础上结合大量实验研究提出了著名的何尔登定律:

潜水员体内的氮分压与环境压力(呼吸气体压力)之比不大于 1.8(实际采用 1.6),就能安全减压。1.8(1.6)即为空气潜水氮过饱和安全系数。何尔登定律可用数学公式表示:

$$\frac{pp_{N_2}}{p} \leqslant K$$

式中:pp_{N_2}——潜水员体内的氮分压,MPa;

   p ——环境压力(呼吸气体压力),MPa;

   $K = 1.6$,氮过饱和安全系数。

实践证明,何尔登安全减压理论在潜水时间不长、下潜深度不大、劳动强度不高的情况下是基本正确的,在指导当时的空气潜水、减少减压病的发生、保障潜水作业安全方面发挥了积极的作用。何尔登安全减压理论在认识、理解和预防减压疾病的发生,指导和制订科学安全的潜水作业计划,包括所提出的一些基本规律、思路、概念和方法等方面发挥了重要的作用,也是人们学习和发展现代潜水理论、现代潜水方式方法的重要基础。

三、水下阶段(阶梯)减压法

水下阶段(阶梯)减压法是最常用、最基础的一种减压方法(见图4-3),也是何尔登根据其过饱和安全系数理论提出并沿用至今的减压方法。

潜水员在潜水深度完成作业后,先迅速上升到一个较浅的深度,通常称为第一停留站。第一停留站深度的选择必须保证潜水员到达该深度时,身体内各类理论组织的氮分压与该深度的环境压力的比值都不超过氮过饱和安全系数。

随后潜水员在第一停留站停留。潜水员在第一停留站停留过程中,虽然深度(环境压力)不变,但潜水员体内的氮分压大于呼吸气体的氮分压,所以潜水员体内的氮气不断脱饱和,因此把潜水员在停留站停留过程中的减压称为停留减压。

潜水员在第一停留站完成停留减压后,迅速上升到下一个较浅的停留站。这一过程同样必须保证潜水员到达该较浅的停留站时,体内各类理论组织的氮分压与该停留站深度的环境压力的比值不超过氮过饱和安全系数。随后潜水员在该停留站继续停留减压。这一过程不断进行,直至出水回到常压状态,最终完成水下阶段(阶梯)减压。

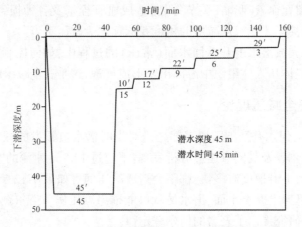

图 4-3　空气潜水水下阶段(阶梯)减压法减压过程

四、安全减压效率

提高作业效率,在总的潜水时间不变的情况下,只能通过提高安全减压效率,缩短减压阶段的时间来实现。因此,除采用更为精确的过饱和安全系数外,在潜水作业中,还应尽量减少人体组织内的中性气体的溶解量,加快人体组织内中性气体的脱饱和速度,以利于在缩短减压时间的同时保证减压安全。具体措施有:

1.降低潜水呼吸气体的中性气体浓度

混合气潜水时,在避免发生氧中毒的前提下,适当提高人工配制的混合气中的氧浓度,降低中性气体浓度。这样在同一潜水深度,呼吸气体中的中性气体分压较低,缩小了与人体组织内中性气体之间的分压差,从而在同样的潜水时间内人体组织内溶入的中性气体分压也较低,可以有效地缩短随后的减压时间。

2.降低减压时呼吸气体的中性气体浓度

在潜水员减压或治疗减压病时,在避免发生氧中毒的前提下,降低呼吸气体中的中性气体浓度,如呼吸纯氧或氧浓度较高的富氧混合气,减小呼吸气体中的中性气体分压,从而增加人体组织内中性气体与呼吸气体的中性气体分压差,加快人体组织内中性气体的脱饱和速度,缩短减压时间。

3.采用多元混合气

从中性气体在人体组织内饱和和脱饱和的原理来说,采用含多种中性气体的混合气(如氦氮氧混合气)作为潜水呼吸气体,将有利于降低呼吸气体中各种中性气体的分压,从而限制任何一种中性气体在人体组织内的溶解量。另外,在减压时采用转换中性气体(如氦氧混合气潜水后呼吸空气减压)将降低呼吸气体中原中性气体的分压(如氦氧混合气潜水后的氦分压),有利于人体组织内中性气体的脱饱和。

五、安全减压的其他影响因素

何尔登安全减压理论是在大量统计数据的基础上提出的,并且仅仅考虑了潜水员体内中性气体的分压与环境压力的影响,并未考虑潜水员之间的个体差异及围绕潜水过程的其他影响因素。人体作为一个极其复杂的生理系统,诸多因素都可能影响循环、呼吸功能的正常运行,从而影响减压安全。因此,了解这些因素及其影响,有针对性地指导潜水员进行减压也是当前潜水作业不容忽视的内容之一。

1.呼吸气体中二氧化碳分压

减压过程中,二氧化碳分压高会导致流经人体组织的血液量减少,这种情况将减慢中性气体的脱饱和速度,不利于安全减压。

2.运动

运动将增加心脏的血液泵出量,加速血液循环,有利于中性气体的脱饱和,但运动同样会增加二氧化碳的产生量,甚至促进微小气泡增大,又不利于安全减压,故建议减压时少运动或不活动。

3.环境温度

环境温度低,会导致潜水员体表温度降低,引起血管反射性收缩,减慢血液循环,并且温度降低会加速中性气体在人体组织中的溶解,同样不利于中性气体的脱饱和。升高环境温度,则会促进体表血管舒张,增加血流量,有利于中性气体的排出。

4.体位

减压时,与坐位相比,卧位的回心血量增加,更有利于中性气体的脱饱和。

5.身体状况

潜水员过度疲劳会导致人体呼吸、循环系统的自我调节功能减弱,不利于随后的脱饱和与安全减压。而精神过度紧张、恐惧等都会通过影响机体的神经系统影响呼吸、循环系统的自我调节,另外,这些消极情绪也会加大潜水员的疲劳感而不利于中性气体的脱饱和。

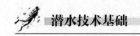

6.药物等

减压过程中,使用扩张血管药物、理疗等手段促进呼吸、循环系统的改善有利于中性气体的脱饱和。

六、安全减压理论在现代潜水技术中的应用与发展

何尔登安全减压理论和水下阶段减压法在一定程度上解决了当时条件下空气潜水所面临的既要保证潜水员出水减压安全,又要尽可能缩短上升减压时间以提高潜水作业效率这两个难题。但在深度较大和时间较长的潜水作业中,根据何尔登安全减压理论计算的减压时间明显不足。另外,新的潜水技术的出现、潜水设备的改进以及相关学科的发展,也带来一系列新的问题和新的认识,这意味着需要对何尔登安全减压理论进行不断的修正和进一步发展完善。

1.氦氧常规潜水减压方面

氦氧常规潜水减压理论也是在何尔登安全减压理论的基础上发展和完善的。与空气潜水相比,氦氧常规潜水采用半饱和时间更长的理论组织、更小的过饱和安全系数,以及在减压过程转换呼吸气体的做法。转换呼吸气体的具体做法是到达一定的减压深度时,将呼吸气体转换为空气或氧浓度为20%的氦氧混合气,甚至在到达更浅的减压深度时,将呼吸气体转换为纯氧。

2.饱和潜水减压方面

饱和潜水深度大、水下停留时间长,与常规潜水相比,其特点是通常由最慢理论组织的脱饱和控制减压过程并且最慢理论组织的半饱和时间更长,根据减压深度不同选用不同的过饱和安全系数,选用过饱和允许差值代替过饱和安全系数等。

3.饱和巡回潜水的减压

巡回潜水是饱和潜水过程中的一个环节,为区别,也可称之为饱和巡回潜水。

由于饱和潜水深度大、水下停留时间长,在实践中饱和潜水员都是在甲板减压舱(DDC)内加压至一定深度(压力)后乘坐潜水钟(SDC)下潜至预定深度,然后离钟进行饱和巡回潜水作业。

饱和潜水员离开潜水钟,在一定深度和时间范围内(向上、向下)潜水,潜水后返回潜水钟的潜水方式称为巡回潜水,简称巡潜。

同常规潜水一样,进行饱和潜水的巡回潜水同样受安全减压规则的制约。无论进行向上还是向下巡潜或者改变居住深度,凡涉及降低环境压力,均需要考虑潜水员体内中性气体分压与即将到达的深度环境压力的比值是否超出过饱和安全系数允许的范围。

第三节 ◉ 空气潜水水下阶段减压法及减压表

何尔登根据其减压理论提出和发展了水下阶段减压法,使潜水变得更加安全。这样在每次潜水任务开始前,就可以根据本次任务的下潜深度和作业时间(水底时间)计

算得出最后上升阶段各个停留站的深度和停留时间,潜水员完成任务后即按照事先计算好的方案逐步上升减压即可保证减压安全。

下潜深度、潜水时间不同,每次计算得出的减压方案也不相同。将所有可能的潜水深度-时间组合所对应的诸多减压方案汇集在一起,编排成便于检索选用的系列表格,即为通常所称的减压表。

一、水下阶段减压方案的制定

水下阶段减压方案的制定较为繁复,限于篇幅,这里仅介绍其粗略过程,详细计算步骤可参阅相关文献资料。

(1)计算离底时潜水员体内各类理论组织的氮分压

根据潜水员的水底时间计算每一种理论组织经历的假定时间单位数,据此计算出每一种理论组织在这段时间内完成的氮饱和度,从而计算出离底前每一种理论组织各自的氮分压,由此确定领先组织,即彼时氮分压最高的理论组织。

(2)计算试验性第一停留站深度

忽略上升阶段的脱饱和,仅仅根据潜水员离底时领先组织的氮分压来确定试验性第一停留站深度,即该领先组织的氮分压与试验性第一停留站深度的环境压力的比值不超过过饱和安全系数。

(3)计算实际的第一停留站深度

计算出到达试验性第一停留站所需的时间,再根据这段时间内各类理论组织脱饱和程度,计算出到达试验性第一停留站时各类理论组织的氮分压,按照领先组织的氮分压根据何尔登定律确定实际的第一停留站的深度。同样要保证在上升过程中经过脱饱和的领先组织的氮分压与实际的第一停留站深度的环境压力的比值不超过过饱和安全系数。

(4)计算在第一停留站的停留时间

何尔登阶段减压法规定,第二停留站的深度比第一停留站的深度浅 3 m。故只要计算出在第一停留站停留期间,脱饱和的领先组织的氮分压与浅 3 m 的第二停留站深度的环境压力的比值不超过过饱和安全系数,脱饱和所需的时间即为第一停留站的停留时间。完成第一停留站停留后,潜水员即可上升至下一停留站。

依此类推,逐次计算出潜水员在各停留站的停留时间,直到潜水员完成减压出水。至此,水下阶段减压方案完成。

从上述计算过程可以看出,计算的关键在于确定各个阶段的领先组织,然后通过比较领先组织的氮分压与环境压力来确定是否可以上升至下一停留站和在某一停留站的停留时间。其优点是步骤明确,过程清楚,有利于更深入地理解何尔登理论的基本原理;缺点是计算过程烦琐复杂。因此,人们又开发出了其他确定领先组织的新方法,将这一过程简化,明确了相互之间的逻辑关系,并通过计算机计算代替繁复的手工计算,大大简化了计算过程。限于篇幅,这里不再一一介绍。

二、空气潜水水下阶段减压表

1.水下阶段减压表的结构

目前国内潜水行业普遍采用的空气潜水水下阶段减压表见附录一。其结构形式有以下几个方面：

(1)将潜水作业深度分成若干档,通常每一深度档都是 3 的倍数,如 12 m、15 m、…、54 m、57 m、60 m 等。

(2)将每一潜水作业深度档分成若干潜水作业时间(水底时间)档,通常每一时间档都是 5 的倍数,如 30 m 深度档分成 15 min、20 min、…、45 min、60 min、80 min 等。

(3)每个潜水作业深度和相应的潜水作业时间(水底时间)组合就形成一个减压方案。如潜水作业深度 30 m、潜水作业时间 45 min;潜水作业深度 45 m、潜水作业时间 60 min 等。每个水下阶段减压表由许多个减压方案组成。

(4)规定了每个减压方案(深度–时间组合)相对应的第一停留站和第一停留站以浅的各停留站的深度、在各停留站的停留时间。各停留站的深度都是 3 的倍数,3 m 是最后一个停留站,停留完毕就可以出水。

(5)规定了从潜水作业深度上升到第一停留站和各停留站之间上升移行的速度或时间,移行时间通常不包含在各停留站的停留时间内。

(6)水下阶段减压表通常还注明每个减压方案的减压总时间及反复潜水检索符号。

2.使用水下阶段减压表时应注意的几个问题

(1)尽可能缩短潜水作业时间(水底时间),包括加快下潜速度、提高潜水作业效率。控制相应深度的潜水作业时间,不得超过减压表规定的潜水作业时间(水底时间),通常也不使用减压表上相应深度规定的最长潜水作业时间(留 1~2 档)。

(2)正确确定潜水作业实际深度,最好通过物理测深确定作业实际深度。如果是已知深度,要考虑潮位变动因素。如果在潜水作业过程中作业深度有变动,要以达到的最大深度作为本次潜水作业的减压深度。

(3)正确确定潜水作业时间,以潜水员头盔没水时间作为入水时间,并记录。确认潜水员离底时间,将潜水员从入水到离底的时间作为潜水作业时间(水底时间)。

(4)以潜水作业深度和潜水作业时间为依据正确选择减压方案。首先按照潜水作业深度选择减压表上相应的深度。如果潜水作业深度在减压表上没有相同的深度,则选择减压表上邻近的较大的深度作为减压方案的作业深度。如潜水作业深度是 31 m,则选择作业深度为 33 m 而不是 30 m 的减压方案。

随后依据确定的(减压表上的)潜水作业深度,选择相应的潜水作业时间。如果潜水作业时间在减压表上没有相同的时间,则选择邻近的较长的作业时间作为减压方案的作业时间。例如潜水作业时间为 42 min,则选择作业时间为 45 min 而不是 40 min 的减压方案。

按照实际潜水深度和潜水作业时间(水底时间)选择的减压方案称为基本减压方案。

按照上述例子,本次潜水作业的深度是 31 m,潜水作业时间是 42 min,则选择 33 m/45 min 的减压方案。

(5)如果存在个体差异(较易发生减压病)或潜水作业劳动强度大等情况,可选择延长方案。通常选择比基本减压方案时间长一档的减压方案,如基本减压方案为 33 m/45 min,则延长方案可选用 33 m/50 min。

(6)不能随意缩短减压时间,但也不能增加较深停留站的深度和延长在较深停留站的停留时间,以防止慢组织继续饱和,这样对后续的减压不利。通常把 12 m 以深的停留站作为深度较深的停留站。

(7)在风浪较大、水流较快、水温较低的条件下进行水下减压时,应采用减压梯(架),并且将减压梯固定在入水绳上,以缓解潜水员疲劳、防止其受伤,并避免减压深度不准;有条件可改为水面减压。

(8)经常询问在水下减压的潜水员的情况,如出现减压病症状应立即采取相应措施。

第四节 ◎ 空气潜水水面减压法和减压表

水下阶段减压法要求潜水员长时间在温度较低,甚至风浪大、流速快的水中逐站停留减压,在特殊需要或紧急情况下,无法保证潜水员安全迅速地出水。因此,需要既能快速出水,又能保证安全的潜水减压方法。

潜水员完成潜水任务后,减压完全不在水下进行,或仅部分在水下进行,全部或部分减压于迅速出水后进入减压舱内完成的减压方法称为水面减压法,其具体实施过程如图 4-4 所示。水面减压法根据潜水员出水后进入减压舱呼吸气体的不同又分为水面空气减压法和水面吸氧减压法。

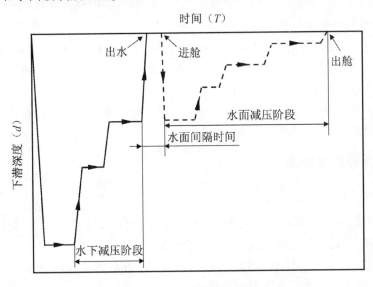

图 4-4　水面减压法示意图

一、水面空气减压法

1.水面空气减压法的原理

当采用水面减压法时,潜水员在水下未能得到充分减压就上升出水,在水面间隔时间内,潜水员身体组织内的氮分压与水面环境压力的比值将超过过饱和安全系数,根据何尔登安全减压理论,这应该是不安全的。但是实践表明,水面减压法同样是比较安全的,一般不会发生减压病,其原因是:

(1)人体组织内蛋白质的黏滞性导致气泡形成的速度大大降低,即便潜水员体内的氮分压与环境压力的比值在短时间内超过了何尔登过饱和安全系数,这也不会马上导致有害气泡的产生。

(2)即使在进入减压舱减压前,潜水员体内某些组织内已有少量气泡形成,这些气泡通常也不会立即引起减压病症状。在加压后,这些气泡体积会迅速缩小,随着氮气重新溶解于人体组织,气泡也会很快地消失。

(3)虽然在水面间隔时间内没有严格遵守过饱和安全系数的规定,在水面减压的其他环节仍然是要按照何尔登理论的各项原则进行的。特别是进入减压舱减压到规定的压力,并停留一定的时间后,必须严格按阶段减压表的规定逐站停留减压,保证在减压过程和减压出舱后潜水员体内的氮分压与环境压力的比值不超过过饱和安全系数。

(4)为了保证安全,采用水面减压法时,潜水员只能从 40 min 理论组织的氮分压与水面常压的比值不超过 2.6 的水下深度出水,进行水面减压。

(5)在水面间隔阶段,潜水员体内的氮分压超过了过饱和安全系数的规定,是不稳定的,因此必须严格控制水面间隔时间,通常水面间隔时间不得超过 6 min(或 5 min)。

2.水面空气减压法的实施

完成潜水作业后,潜水员从潜水作业深度,或水下某一停留站(出水停留站)停留减压完毕后迅速出水,在水面尽快卸装后进入减压舱,然后立刻减压至减压表规定的深度,随后按减压表的规定在减压舱内进行减压。

从潜水员离开水下最后一个停留站到进入减压舱后减压到规定的深度之间的这段时间称为水面间隔,或水面间隔时间。

二、水面吸氧减压法

1.水面吸氧减压法的定义

水面吸氧减压法是水面减压法和吸氧减压法的结合,即在进行水面减压时,潜水员进入减压舱减压后,不是呼吸空气,而是直接呼吸纯氧进行减压。

我国著名的"7713 工程"(打捞"阿波丸"工程),潜水作业深度在 60 m 左右,潜水13 604 人次,采用的就是水面吸氧减压法。

2.水面吸氧减压法的原理

与水面空气减压法相比,水面吸氧减压法减压时间短,减压更为安全,其原因是:

(1)潜水员在加压舱内呼吸纯氧进行减压,肺泡内的氮分压几乎下降到零,潜水员人体组织中的氮分压与呼吸气体中的氮分压差达到了最大值,在同样的时间内,大幅度地提高了氮的脱饱和速度。因此,与水面空气减压法相比,水面吸氧减压法能大幅缩短减压时间。采用水面吸氧减压法,潜水员在舱内减压时间通常可以缩短一半。

(2)在采用水面吸氧减压法时,只是用纯氧代替空气作为呼吸气体,尽管呼吸气体的氮分压大幅度下降,但呼吸气体的压力(环境压力)并未降低。因此,水面吸氧减压法不影响潜水员体内组织中的氮分压与环境压力的比值,故按照何尔登定律,减压是安全的。

(3)在采用水面吸氧减压法时,不必顾忌由于环境压力加大导致潜水员呼吸气体内的氮分压增加,进一步通过饱和增加潜水员人体组织内的氮分压。在采用水面吸氧减压法时,通常加压舱的压力不是仅加压到出水停留站的深度,而是加压到允许吸氧的最大深度(18 m),环境压力更高,潜水员减压更安全。

(4)通过计算可以清楚地表明,采用吸氧减压能缩短一半减压时间已是比较保守的估算。因此,从这个角度来说,吸氧减压也更为安全。

三、水面潜水减压表

(1)水面潜水减压表分为水下减压和水面加压舱内减压两部分。

(2)水面潜水减压表的水下减压部分的结构与水下阶段减压表完全相同,但是标明了每个减压方案的出水停留站。通常出水停留站的深度是 12 m,如果第一停留站深度是 12 m 或浅于 12 m,第一停留站就是出水停留站。

(3)水面潜水减压表规定了水面间隔时间,通常是 6 min 或 5 min。

(4)水面潜水减压表的水面加压舱内减压部分规定了每个减压方案在加压舱内的加压深度、在加压舱内各减压停留站的深度以及在加压深度和各减压停留站的停留时间。

(5)水面潜水减压表根据在水面加压舱内减压时的呼吸气体分为水面空气减压和水面吸氧减压两种形式,前者称为水面空气减压表,后者称为水面吸氧减压表。水面吸氧减压时间用括号表示。为了避免长时间吸氧发生氧中毒的危险,水面吸氧减压表通常采用吸氧 25~30 min、间隔呼吸空气 5 min 的方式。

(6)水面空气减压表在加压舱内的加压深度通常是出水停留站的深度,在加压舱内采用阶段减压方式。部分水面吸氧减压表在加压舱内的加压深度、减压方式与水面空气减压表完全一样,只是停留减压时间减半。通常这样的水面潜水减压表采用呼吸空气减压还是吸氧减压可任意选择。

(7)部分水面吸氧减压表采用在加压舱内加压深度大于出水停留站深度,在加压舱内的减压方式也不是标准的阶段减压方式,而是将吸氧减压时间集中在 12 m 和 9 m 的深度。这样的水面吸氧减压表不允许改用呼吸空气、将减压停留时间延长一倍的做法。

(8)注意观察,经常询问在加压舱内的潜水员的情况,如有减压病症状,应立即停止减压,并采取治疗措施。

第五节 ◉ 反复潜水及其减压方法

一、反复潜水的概念

空气潜水经减压返回水面常压后,潜水员各类理论组织内的氮分压尽管没有超过过饱和安全系数的规定,但仍大于常压空气中的氮分压,即潜水员身体内的氮还处于过饱和状态,特别是在一些慢组织内。我们把完成减压后潜水员身体组织内超过常压空气的那部分氮分压称为剩余氮。

由于在水面常压环境中潜水员体内的氮气会继续进行脱饱和,因此随着水面间隔时间的延长,剩余氮会逐渐减少,但完全排除需要返回水面常压环境 12 h 后方能实现。如果潜水员在剩余氮完全排除前,即返回水面常压环境 12 h 内再次进行潜水,则称为反复潜水。

二、确定剩余氮时间

1.剩余氮时间的概念

进行反复潜水时,前一次潜水的剩余氮增加了潜水员身体组织中的氮分压,如果仍按照第二次潜水的实际作业时间来选择减压方案显然是不合适的。为避免出现这种情况,往往将前一次潜水的剩余氮对第二次(重复)潜水的影响转化为重复潜水的潜水作业时间(水底时间),这个增加的时间段称为剩余氮时间。选择减压方案时要将这个剩余氮时间在重复潜水的水底时间中扣除,方能保证反复潜水的减压安全。

2.剩余氮时间的确定

剩余氮时间与前一次潜水的减压方案、水面间隔时间有关,也与反复潜水的深度有关。因此,要计算剩余氮时间是十分复杂的,通常通过检索剩余氮时间表获得。

检索程序为:

(1)通过前一次潜水的减压方案获得水面间隔开始时的反复潜水符号(见附录一中国国家标准空气潜水减压表)。

(2)根据所获得的反复潜水符号和反复潜水开始前的水面间隔时间,由空气潜水减压表所附反复潜水水面间隔时间表获得水面间隔结束时的剩余氮时间检索符号。

(3)根据所获得的剩余氮时间检索符号,对应反复潜水的潜水深度,由空气潜水减压表所附剩余氮时间表获得相应的剩余氮时间。

三、选择反复潜水减压方案

1.水面间隔时间少于 10 min 的反复潜水的减压方案选择

对水面间隔时间少于 10 min 的反复潜水,将前一次潜水的水底时间加反复潜水的实际水底时间作为反复潜水的水底时间,比较前一次潜水的深度与反复潜水的深度,采用较深的深度作为反复潜水的深度,以此来选择减压方案。

2.水面间隔时间多于 10 min 的反复潜水的减压方案选择

将剩余氮时间加反复潜水的实际潜水作业时间(水底时间)作为本次反复潜水的水底时间,结合反复潜水的潜水深度选择减压方案。

如反复潜水的潜水作业深度为 45 m,潜水作业时间是 28 min,剩余氮时间为 11 min,则按 45 m/45 min 减压方案进行减压。

第六节 ◉ 氦氧混合气潜水的减压

一、氦氧混合气潜水的减压方法

氦氧混合气潜水通常采用水下阶段减压法和水面吸氧减压法。

1.水下阶段减压法

氦氧混合气潜水采用的水下阶段减压法,除了在减压过程中需要转换呼吸气体外,其余与空气潜水相同。

在有条件时尽可能采用 SDC-DDC 方式进行氦氧混合气潜水,潜水员完成潜水作业后,返回 SDC 内。除了在 SDC 内完成部分减压外,通过 SDC 将潜水员在高压状态下转入 DDC,在 DDC 内完成其余减压。采用这种减压方式时,尽管潜水员是在 DDC 内完成大部分减压的,但与水面减压不同的是,在整个减压过程中潜水员未曾暴露于水面常压环境,因此这种减压方法本质上是水下阶段减压法。

2.水面吸氧减压法

由于氦过饱和安全系数小,在水面间隔时间暴露于常压下危险性更大,所以长期以来,氦氧混合气潜水不采用水面吸氧减压法。但是,长时间的水下减压严重制约了氦氧混合气潜水的应用,近年来,水面吸氧减压法已在氦氧混合气潜水中得到广泛应用。为了安全起见,氦氧混合气潜水的水面间隔时间通常更短,一般为 5 min。同时为了缩短减压时间,氦氧混合气潜水都采用水面吸氧减压法。

二、氦氧混合气潜水减压表的结构特点

氦氧混合气潜水减压表(见附录三)的结构与空气潜水减压表的结构相似,在此仅介绍其与空气潜水减压表的不同点。

(1)氦氧混合气潜水减压表规定了潜水员在相应潜水深度呼吸气体(海底混合气)的氧浓度。如上海打捞局使用的氦氧混合气潜水水下阶段减压表规定,潜水深度为 66 m,应呼吸氧浓度为 20% 的氦氧混合气;潜水深度为 75 m,则应呼吸氧浓度为 18% 的氦氧混合气。

(2)氦氧混合气潜水减压表规定了减压过程中各深度阶段的呼吸气体种类。如上海打捞局使用的氦氧混合气潜水水面吸氧减压表规定,若第一停留站的深度浅于 54 m,潜水员在上升到第一停留站后才转换呼吸空气;若第一停留站的深度深于 54 m,则潜水员到达 54 m 停留站后转换呼吸空气。

（3）如采用 SDC-DDC 方式减压,氦氧混合气潜水减压表规定了潜水员从 SDC 转移到 DDC 进行减压的深度。

（4）如果没有氦氧混合气潜水减压表规定的相应潜水深度的海底混合气,可选用氧浓度较低的海底混合气替代。但随着氦气浓度的增加,在同样的潜水深度氦分压也相应增加,采用原来的减压方案显然是不安全的,因此,氦氧混合气潜水减压表也规定了选择减压方案的深度当量。

第七节 ◎ 饱和潜水的减压

一、饱和潜水的减压方式

饱和潜水采用 SDC-DDC 的潜水方式,与常规潜水不同,减压全部在甲板减压舱（DDC）内进行。

饱和潜水的减压方式有两种:一种是持续（线性）减压,另一种是阶段减压。

1.持续（线性）减压

持续（线性）减压是指按一定的减压速率连续不停顿地减压。但是饱和潜水持续减压速率在不同的深度阶段（范围）是不同的,总的来说是深度越浅,减压速率越小。

2.阶段减压

饱和潜水的阶段减压与常规潜水的阶段减压方式有较大的差异。首先饱和潜水停留站之间的深度间隔很小,通常仅为 0.5~1 m。其次在一定的深度范围内,各停留站的停留时间是相同的。最后饱和潜水也不允许大幅度地上升到第一停留站。

因此,饱和潜水阶段减压方式与持续（线性）减压方式没有很大的不同,实际上仅是操作方式上的改变,往往两者是可以选择使用的。

决定饱和潜水减压这些特点的是饱和潜水的减压由最慢理论组织控制以及过饱和安全系数小。

3.减压过程中氧分压基本不变

常规潜水减压过程中,随水深或舱室压力的变化,呼吸气体中的氧分压也在变化（逐步减小）,除了到达 15 m 以浅深度,为防止氧浓度过高发生火灾改为控制舱室氧浓度外。在饱和潜水减压过程中,呼吸气体中的氧分压是不变的,其方法是通过补氧（提高舱室环境氧浓度）弥补舱室压力下降导致的氧分压下降。

另外,为了缩短减压时间,常规潜水减压常在减压过程中通过呼吸面罩（BIBS）呼吸纯氧或富氧混合气,但饱和潜水由于减压过程漫长,减压过程中一直呼吸舱室气体,这有利于潜水员的休息。

二、饱和潜水减压表

由于饱和潜水减压与潜水作业时间无关,因此饱和潜水减压表并不像常规潜水减压表那样由许多减压方案组成。饱和潜水减压表包括以下内容:

1.减压方式

饱和潜水减压表规定了采用持续(线性)减压方式还是阶段减压方式,或者可以任选。

2.减压速率

饱和潜水减压表规定了各深度阶段(范围)的减压速率。如上海打捞局采用的饱和潜水减压表规定:从居住深度至 15 m,减压速率为 50 min/m;从 15 m 至 0 m,减压速率为80 min/m。

3.舱室(呼吸气体)氧分压

饱和潜水减压表规定了饱和潜水减压过程中居住舱室内的氧分压。由于潜水员在居住舱室内呼吸的是舱室环境气体,因此舱室氧分压就是潜水员呼吸气体的氧分压。此外,减压表还规定了在 15 m 以浅深度饱和舱室的氧浓度。如上海打捞局采用的饱和潜水减压表规定:从居住深度至 15 m,居住舱室氧分压为 0.048～0.05 MPa;从 15 m 至0 m,居住舱室氧浓度为 21%~24%。

4.舱室环境参数

饱和潜水减压表除规定了舱室的氧分压、氧浓度外,还规定了减压过程中舱室的其他环境参数,包括二氧化碳分压、温度、相对湿度等。

5.减压前居住深度平衡周期

由于在巡回潜水结束后,潜水员体内有过饱和的中性气体,而饱和潜水减压表的设计又与饱和潜水时间无关,因此饱和潜水减压表规定了在最后一次潜水(巡回潜水)至减压开始前潜水员必须在居住深度停留的时间,以保证体内过饱和中性气体的排出,这段时间称为居住深度平衡周期。

居住深度平衡周期与巡回潜水的类型、深度有关。

三、巡回潜水表

饱和巡回潜水必须按照所采用的巡回潜水表中的有关规定进行。

巡回潜水表的结构通常是依据居住深度来确定巡回潜水允许到达的深度或巡回潜水距离,但部分巡回潜水表依据潜水员在过去 48 h 内达到的最大深度来确定向上巡回潜水允许到达的深度。一般来说,每种巡回潜水表都包含了以下内容:

(1)巡回潜水允许的距离(到达深度);

(2)巡回潜水前居住深度平衡周期;

(3)饱和潜水中间加压和减压后开始巡回潜水前的居住深度平衡周期;

(4)组合巡回潜水的组合方式;

(5)进行巡回潜水时上升和下降的速度;

(6)进行巡回潜水时潜水员呼吸气体(海底混合气)的氧分压。

第五章
空气潜水

空气潜水是以压缩空气作为呼吸气体的承压式潜水方式。按所使用潜水装具的不同,空气潜水可分为自携式潜水、水面需供式潜水和通风式潜水。自携式潜水由于水下停留时间短、身体防护有限等明显的局限性,工程潜水基本上不采用;而通风式潜水因装具笨重、气体耗量大、易引起"放漂"事故等缺点,已经逐渐被淘汰。因此,目前工程潜水广泛使用水面需供式潜水方式。

即便是水面需供式潜水,由于存在诸如氮麻醉和氧中毒等问题,其潜水深度一般限制在 50 m 以浅,但成本低廉、技术简单的突出优点使得空气潜水仍是目前最重要、应用最为广泛的潜水方式,尤其在工程潜水领域,绝大部分作业任务仍是通过空气潜水方式来完成的。另外,氦氧混合气潜水和饱和潜水都是在空气潜水的基础上发展起来的新型潜水方式,虽然它们的潜水气体或潜水机理与空气潜水有所不同,但本质上仍是空气潜水方式的一种延续。它们使用和借鉴了大量空气潜水方面的装具装备、实践经验和研究成果,三者之间有着许许多多相同的东西。因此,了解和掌握空气潜水,对学习氦氧混合气潜水和饱和潜水也是十分必要的。

第一节 ◉ 空气潜水设备

水面需供式潜水是工程潜水领域应用最广泛的潜水方式,在此主要介绍其潜水设备。

一、供气系统

水面需供式潜水的供气系统不仅为潜水员提供呼吸气体,还为加压舱提供加压气体,为潜水员水面吸氧减压和治疗减压病等提供呼吸用氧,因此该供气系统包括空气压缩机、气体净化装置、储气罐、氧气瓶、输气管路等多个部分。

空气潜水通常在潜水作业现场使用空气压缩机采集空气,空气压缩机的工作压力必须大于空气潜水深度的环境压力加上供气余压,排量必须大于潜水员呼吸气体消耗量。空气压缩机还必须符合潜水呼吸气体的卫生标准。

因为空气压缩机采集的空气以及空气在压缩和输送过程中都有可能产生水分和被污染,所以在压缩空气的输送管路上必须设置过滤装置。过滤装置内通常装有活性炭等过滤材料,用于吸收压缩空气中的水分和有害成分。

为保证潜水员呼吸气体供给压力的稳定和供气安全,以及满足加压舱大量用气要求,空气潜水系统都配置压缩空气储气罐。通常情况下都是通过储气罐向潜水员和加压舱供气。储气罐的工作压力必须大于向潜水员和加压舱供气的压力。储气罐的储气量要满足本次空气潜水空气最低储备量的要求。

在空气潜水中,氧气主要用于潜水员在加压舱内吸氧减压和治疗减压病。由于高压氧气易导致燃烧和爆炸,因此要求采用中压输送氧气,输送压力不大于 4 MPa。氧气瓶的氧气储存量要满足潜水员吸氧减压和治疗减压病的需要,也要满足本次空气潜水氧气最低储备量的要求。

二、控制面板

控制面板又称供气面板,其功能是向潜水员提供呼吸气体,同时进行潜水员测深。控制面板必须至少装有 2 个独立的潜水员呼吸气体供给气源和输气管路,以及防止气体倒流的单向止回阀、显示各气源压力的压力表、各气源的气体输入阀、连接 2 组气源的旁通管路和隔离阀(高压或低压旁通)。控制面板还可以通过气体压力调节器调节潜水员的供气压力,通过呼吸气体输出阀、输出管路与潜水员脐带上的供气软管牢靠连接并至少能同时向 2 名潜水员提供呼吸气体。

三、甲板加压舱(减压舱)

甲板加压舱用于潜水员水面减压和治疗减压病,其主体部分主要由加压舱控制面板及加压舱舱体构成。国产 922 型舰载加压舱如图 5-1 所示。

甲板加压舱控制面板的功能是对加压舱进行压力监控、提供呼吸用的氧气,以及进行通信、照明、视频监控、舱内气体成分监测和温湿度监测等。通过有线对讲电话和监控屏幕,甲板加压舱控制面板能与加压舱内进行双向语音通信并监控舱内发生的一切情况。

图 5-1 国产 922 型舰载加压舱

加压舱属压力容器,工作压力必须满足潜水员减压和治疗减压病的要求。加压舱内有观察舱及递物筒,通过递物筒传递物品。各舱室有独立的加、减压管路,加压管路上有消音器。加压舱各舱室有独立的呼吸面罩(BIBS),用于潜水员吸氧或呼吸其他气体,向舱外排出呼出的废气。此外,加压舱各舱室有独立的深度(压力)监测管路、气体成分监测管路、内外照明设备、对讲电话、床铺或椅子、消防设备等。部分加压舱有空调及视频监控。

四、潜水员热水系统

潜水员热水系统的功能是为热水服提供热水。其组成包括热水锅炉或电热水机及热水输送泵、热水输送管路等。热水系统通过潜水员脐带上的热水输送管路与潜水员的热水服连接,因此热水输送管路的工作压力和管径要满足潜水员热水供给压力和流量的要求。该热水系统不仅适用于空气潜水,也适用于氦氧混合气潜水和饱和潜水。

五、通信与监控系统

通信与监控系统包括水面与潜水员可双向语音通话的潜水电话,可接收、显示和记录潜水员传送的视频信号的视频监控系统。两者均可经通信电缆和信号传输电缆与潜水员连接。

六、潜水员个人装具

水面需供式潜水装具由潜水面罩和头盔、潜水服、脐带、应急气瓶、通信系统及配套器材和辅助器材等组成,见图 5-2。

图 5-2　国产 TZ-300 潜水装具

1.潜水面罩和头盔

潜水面罩和头盔的功能是为潜水员提供呼吸气体和供潜水员排气、通信,将潜水员头部与水隔离,以及保护潜水员头部。

轻装潜水面罩和头盔的区别是面罩顶部是软质的,头盔顶部是硬质的。潜水面罩和头盔与潜水员脐带通信电缆连接,内有话筒和耳机,可与水面进行双向语音通话。新型潜水面罩和头盔的照明灯和摄像头与潜水员脐带的动力电缆和视频电缆连接。

重装潜水头盔是铜质的,通过领盘与潜水服连接并且是水密和气密的。头盔内有话筒和耳机,可与水面进行双向语音通话。如前所述,重装潜水头盔的供气方式是持续供气,多余气体由潜水员通过头盔内的排气阀排入水中。

2.潜水服

潜水服有湿式潜水服、干式潜水服以及通以热水的热水服。

湿式潜水服通常由发泡氯丁橡胶制成,面料内部有无数个充氮气的微小气囊,多用于水温较高的水域。根据水温不同,有不同厚度可选。当水温低于 16 ℃时,通常使用干式潜水服。

为隔离潜水员与水体的接触,减少热量损失,干式潜水服一般用非透水的材料制成,如硫化橡胶、发泡氯丁橡胶、压缩氯丁橡胶、聚氨酯橡胶涂层尼龙等。干式潜水服一般都与潜水靴集成在一起,潜水靴有软底和硬底两种。干式潜水服的袖口通常与潜水手套紧密连接在一起,再通过加强领口的密封性以阻止冷水的进入。

热水服内嵌有热水软管,热水流经热水服后排出,同时加热潜水员身体。热水服上有热水流量调节阀,可以调节进入热水服的热水流量。相比前两者,热水服具有良好的保暖效果,特别适合大深度或寒冷水域潜水使用。

3.应急气瓶

应急气瓶是指潜水员潜水时携带的备用气瓶,气瓶内储存有适合在潜水深度供潜水员呼吸的气体(空气潜水时,储存气体为空气)。应急气瓶的功能是在潜水员脐带供气中断时为潜水员提供应急呼吸气,因此应急气瓶又被称为回家气瓶。

七、出入水系统

出入水系统的作用是帮助潜水员入水和出水,对于距水面高度不大的场合,通常采用普通的梯子。条件允许的情况下,也可以考虑使用潜水吊笼,部分吊笼内配有气瓶,可作为潜水员水下应急避难场所。条件允许的情况下,也可以考虑使用安全性和舒适性更高的开式钟。

第二节 ◎ 空气潜水作业前的准备

一、潜水作业计划的编制与贯彻

潜水作业计划包括任务描述、作业地点的环境条件、潜水作业队组成、设备组成、潜水母船、潜水作业程序和应急程序、潜水作业文件、气体配置、基地支持、医疗急救等与作业任务有关的一些内容。

潜水作业计划应由潜水监督编写,交潜水作业单位批准。每个潜水监督都应有潜水作业计划副本,并应提交业主和潜水支持船的船长。潜水作业计划也应向潜水作业队全体人员传达。总之,要保证相关人员对作业计划彻底知晓。

二、潜水作业风险评估

潜水作业风险评估是指在进行潜水作业前对每一个可预见的风险进行评估,其结果要记录在案。

1.潜水作业风险评估的方法

潜水作业风险评估应在潜水作业开始前进行,由潜水作业单位组织。风险评估的方法是对本次潜水作业从调遣到作业的全过程进行分解,逐项进行风险评估,对风险程度高的项目提出应对措施,使风险等级下降到可以接受的程度。

2.潜水作业风险评估的内容

潜水作业风险评估的内容包括采用本单位潜水作业手册中的常规的潜水程序进行的风险评估,以及对潜水作业地点和潜水作业任务的特殊风险评估。

风险评估必须基于作业地的实际活动,而不是书面程序。如果作业人员不正确地执行程序,将会增加风险。同时风险评估应尽可能考虑偶然事件的影响,涉及风险的特殊人员,包括潜水队中新的或没有经验的人员以及有语言障碍的人员。另外,在每个作业阶段,可能存在多个不同的风险,对每个风险都要进行评估和控制。

3.潜水作业风险等级的划分

风险等级依据事故的发生概率可以划分为1~5等:

1等:极少发生。事故只发生在极为反常的情况下。这是指工作现场处于正常状态。

2等:很少发生。事故可能会发生,但风险很小。

3等:可能发生。如果一个意外事件发生,可能会造成事故。意外事件是一个特殊的行动,或行动的失败,不是一个随便的事件。

4等:很可能发生。风、船舶移动、震动或人的不小心操作会导致事故突然发生。例如,梯子没有固定牢或单个气瓶未绑扎好。

5等:很大可能发生。如果工作持续,几乎肯定会发生事故。例如,一根暴露的电线、人员通道上舱盖未关、低压过滤器用在高压系统。

依据事故的严重程度可以用简单的方法划分:

1等:轻伤。可以在现场治疗,并且不会缺席工作。

2等:轻伤。伤病造成缺席工作。

3等:重伤。

4等:重大伤。多人重伤。

5等:一人或多人死亡。

以事故发生概率和严重程度为基础,形成一个风险等级划分表(见表5-1):

表5-1 风险等级划分表

发生概率等级	严重程度				
	1等	2等	3等	4等	5等
1等	低	低	低	低	低
2等	低	低	中	中	中
3等	低	中	中	中	高
4等	低	中	中	高	高
5等	低	中	高	高	高

应记录评估的结果,根据风险评估所制定的应急程序应包括在饱和潜水作业计划中。一旦采取风险控制,必须监督是否有效。应该对采取的控制措施进行回顾总结,并按照作业现场的反馈和任务变动而变动。所有的人员要向潜水监督报告事故隐患、事故苗头和事故。

三、潜水作业队组成

潜水作业队的组成应依据潜水作业任务、潜水深度、采用的潜水方式、环境条件、潜水母船、潜水程序、应急程序、作业时间和相关法规来确定,但原则是保证潜水作业的安全和效率。

空气潜水作业队的最低配置应包括:1 名潜水监督;2 名潜水员;2 名潜水照料员。

四、潜水作业文件

空气潜水现场文件至少应包括:潜水作业计划,潜水监督应有潜水作业计划,潜水作业队的人员应了解潜水作业计划的内容;潜水程序,包括本单位的空气潜水作业手册、标准程序和按照风险评估所制定的本次潜水作业的特殊程序;设备清单,包括本次潜水作业设备和备件清单、设备证书副本、设备维修保养记录等;报告和记录,包括日报表、潜水作业记录、潜水前检查表、加压舱记录表、气体储存记录等;人员证书,包括人员健康证、专项培训证书(4 小证或 5 小证),以及潜水监督、潜水员、生命支持员的资格证书等。

五、气体配置

气体配置是指估算本次潜水作业需要的气体种类和数量,以保证作业任务的顺利完成。

进行管供式空气潜水时仅需要压缩空气和氧气。虽然空气潜水的压缩空气通常是现场采集的,但是对空气潜水同样有气体配置的要求,特别是氧气需要在潜水前配置好。压缩空气和氧气都要符合最低储备量的规定。

在管供式空气潜水作业过程中,压缩空气用作潜水员呼吸气体(包括水下减压阶段)以及加压舱加压气体(潜水员进行水面减压和治疗减压病)。

如果压缩空气是在现场采集,压缩空气的储备量只要满足本次空气潜水作业对压缩空气的最低储备量要求即可。如果压缩空气不是现场采集,需根据本次潜水作业的具体任务要求和设备情况进行配置估算,包括:根据作业深度和作业时间估算潜水员的气体消耗量、根据舱室容积及可能的加压次数估算加压舱内压缩空气的消耗量、根据潜水员减压和可能治疗减压病的需要估算氧气消耗量。

第三节 ◉ 空气潜水作业前的检查

为了保证潜水的安全和效率,进行潜水作业前必须对潜水设备、人员、气体、环境条件等进行全面检查。

一、设备检查

1.供气系统

供气系统检查的重点是空气压缩机的性能、工况和位置,储气罐性能、状况,过滤器内过滤材料是否已更换,以及供气管路状况等。必要时应该做气体管路的压力试验和泄漏试验。

2.控制面板

控制面板检查的重点是阀和压力表功能是否标识清楚,阀是否无锈蚀且操作灵活,压力表是否已在规定时间内校验,气源压力是否符合要求等。

3.潜水面罩或头盔

潜水面罩或头盔检查的重点是进行供气、通信、照明和摄像功能的试验和检查。现场至少有 2 套合适的潜水面罩或头盔。

4.潜水服

潜水服检查的重点是有无破损。现场至少有 2 套合适的潜水服。

5.应急气瓶(回家气瓶)

应急气瓶检查的重点是气瓶内是否是空气,储气量和压力是否符合要求,供气是否良好,是否无泄漏。

6.潜水吊笼及开式钟

潜水吊笼及开式钟检查的重点是状况是否良好,应急气瓶储气量和压力是否符合要求,应急气瓶是否配置 1 级减压阀和连接管(方便潜水员应急使用),吊放系统工作是否正常,吊索状况是否良好。

7.加压舱

加压舱通常按照检查表检查。加压舱检查的重点是舱室有无损伤和严重锈蚀,密封是否良好,加/减压功能是否正常,呼吸面罩功能是否正常,递物筒功能是否正常,通信、照明、清洁卫生是否良好,是否配置衣被和消防设备等,压缩空气和氧气是否已供给到控制面板。

还需要检查其他设备,如潜水员热水系统、潜水电话和视频监控系统、脐带以及其他潜水员个人装具等,各检查项目均应符合具体技术要求且状态良好。

二、气体检查

气体检查要求压缩空气储气罐和氧气储气瓶(组)的储气量和供气压力满足潜水作业要求,同时气体最低储备量满足要求。储气罐内压缩空气的最低储备量要能满足进行 2 次本次潜水深度的应急潜水用气,加压到可能的最大治疗深度用气以及进行 3 次水面减压用气要求。氧气则按照每名潜水员 10 m³ 计算,但也经常采用共计 90 m³ 的储气量。

三、人员检查

潜水作业队人员应满足最低配置要求。潜水作业队人员,包括已经到位的母船参与潜水作业人员(吊机手、绞车手等),均已了解本次潜水作业任务和应急程序以及各自的职责。

潜水员已经完成体检,最近的潜水史和减压病治疗史清楚,潜水监督已讲解本次潜水作业任务和安全要求。应急潜水员已到位,潜水装具已完成检查。

四、环境条件检查

环境条件包括气象、海况。要求当前和未来(本次潜水作业期间)气象海况、流速、水温等符合潜水作业安全要求。对于水域环境,要求作业水域无船舶航行和靠离,无吸排水及水下爆破和水质污染,无水下危险障碍物,母船和附近船舶未进行装卸及吊装作业,无有害水生物等。

五、其他检查

其他检查还有潜水作业许可检查,母船已按规定悬挂潜水作业信号,并且潜水作业已获得有关各方许可。如果空气潜水作业在动力定位船上进行,则需要进行相应检查,保证潜水控制区已安装动力定位信号灯且功能良好。如果潜水作业与无人遥控潜水器(ROV)同时作业,则需要进行相应检查,包括潜水控制区与 ROV 控制室的有线电话、ROV与潜水作业的视频信号是否能在潜水控制区和 ROV 控制室相互显示。如果潜水作业在小艇上进行,也需要进行相应检查,要求母船位置必须能观察到小艇,并设有瞭望人员,小艇始终与潜水监督保持通信联系。另外,小艇必须有机动能力,能快速返回母船等。

第四节 ◉ 空气潜水程序

一、着装

经潜水监督同意,准备潜水。潜水员着装,并再次检查潜水面罩或头盔的供气和通信。应急潜水员同时着装,但不戴潜水面罩或头盔。

二、入水

潜水员通过潜水梯或潜水吊笼到达水面(不要跳水),沿入水绳入水下潜。以潜水员面罩或头盔没水时间作为入水时间,潜水员应向水面报告,水面工作人员必须记录入水时间,并开始计算潜水作业时间(水底时间)。

三、到达潜水作业深度

在供气和潜水员能承受的前提下,潜水员应迅速下潜,下潜速度通常在 15 ~ 30 m/min。潜水员下潜过程中,水面工作人员应对潜水员测深。潜水员到达潜水作业深度,应报告水面,由水面进行记录。

四、潜水作业深度停留作业

潜水员到达潜水作业深度后开始作业。潜水监督应保持与潜水员通信,倾听潜水员呼吸声,观察潜水员排气气泡。水面工作人员应持续对潜水员测深,记录最大深度并照顾好脐带和信号绳。

潜水员应保持与水面工作人员的通信联系,报告作业进度以及水下环境情况。通风式重装潜水作业时,潜水员应控制好潜水服内气体量,防止放漂。

五、离底上升

完成潜水作业,经潜水监督同意,潜水员开始从潜水作业深度上升。开始上升时,潜水员必须报告水面工作人员,水面工作人员要记录离底时间,作为潜水作业时间(水底时间)的终止。

六、减压

水面工作人员根据潜水作业的最大深度和潜水作业时间(水底时间)选择潜水员的减压方案。潜水员依据采用的减压方法和减压方案进行减压。

七、出水

如果潜水员出水时风浪大或水流较快,水面工作人员应帮助潜水员到达潜水梯或进入潜水吊笼以防止潜水员受伤。比较好的方法是将潜水吊笼放到波浪区下,让潜水员提前进入潜水吊笼。

如果采用水面减压方案,潜水员应快速卸装,立即进加压舱进行水面减压,加压舱要提前准备好,保证整个过程不超过规定的水面间隔时间。

八、水面减压

潜水员进入加压舱,立即加压至减压方案规定的深度,随后按照减压方案规定的时间,在各停留站停留减压,直至完成减压出舱。

如果采用吸氧减压,要按规定吸氧时间和深度,认真吸氧。舱室要经常通风,防止舱内氧浓度过高。禁止潜水员将违禁品带入舱内。

九、减压后的有关规定

(1)完成减压后,潜水员 1 h 内应在减压舱附近做严密观察,1~6 h 应在距离减压舱不超过 2 h 路程的范围内做一般观察。

(2)完成减压后,潜水员 24 h 内不要进行剧烈运动。

(3)完成减压后,尽量避免反复潜水。

(4)完成减压后,24 h 内不得乘坐飞机。

第五节 ◉ 高海拔潜水

随着海拔的增加,大气开始变得稀薄,大气压力逐渐降低。当海拔超过一定限度时,必须对这个变化加以考虑。

一、高海拔对潜水作业的影响

由于此时大气压不再是通常所采用的 0.1 MPa，而是更小。根据何尔登安全减压理论所计算出来的在一般平原地区使用的减压表不再适用，确定减压方案时必须相应地加以调整。另外，测量潜水深度的深度表读数也会随海拔的变化而变化，环境压力的改变会造成深度表的零位偏移，并导致整个刻度偏移。这个偏移相当于环境压力与标准大气压的差值，因此这种情况下测得的深度总是浅于实际深度。

二、高海拔潜水减压方案

在实际操作中，上述影响是通过使用当量深度代替实际深度来体现的，即将所测量的实际潜水深度用一个能体现出高海拔影响的更大的虚拟深度来替代，然后用这个当量深度在减压表上检索相应的减压方案并依此操作。这样上升到第一停留站的速度、在减压停留站的深度和停留时间没有改变，当量深度总是大于实际潜水深度，因此减压时间也总是比在海平面时长。这个方法可用于单次潜水和反复潜水。

具体实施步骤如下：

(1)确定实际潜水深度；

(2)确定潜水所在地的海拔，或实际的气压；

(3)根据表 5-2 确定高海拔潜水的当量深度；

(4)用当量深度选择减压方案。

考虑到高海拔对测深表的影响，潜水作业时应设置一根标有各减压站深度的减压绳，为潜水员指示减压深度。

表 5-2　高海拔潜水的当量深度　　　　　　　　　　（单位：m）

实际潜水 深度/m	海拔/m					
	300~500	500~1 000	1 000~1 500	1 500~2 000	2 000~2 500	2 500~3 000
23	27	27	30	33	36	39
24	27	30	30	33	36	39
25	27	30	33	36	39	42
26	30	30	33	36	39	42
27	30	33	36	39	42	45
28	30	33	36	39	42	45
29	33	36	36	39	45	48
30	33	36	39	42	45	48
31	36	36	39	42	45	51
32	36	39	42	45	48	51
33	36	39	42	45	48	54
34	39	39	42	45	51	54
35	39	42	45	48	51	57
水面大气压	95 kPa	90 kPa	85 kPa	80 kPa	75 kPa	70 kPa

第六节 ◉ 泥浆潜水

由于海水和淡水的密度相差较小,通常我们在计算静水压时,无论海水还是淡水,其密度均按 1 g/cm³ 来加以考虑,在实际使用中并无任何不妥。但在密度较大的泥浆中进行潜水作业时,就不得不考虑这个差异。

在实际操作中,泥浆不同的密度对减压方案的影响同样以当量深度的方式加以考虑,即将实际泥浆潜水的作业深度以一个能体现出密度变化影响的更大的虚拟深度来代替,然后用这个当量深度在减压表上检索相应的减压方案并依此操作。这样上升到第一停留站的速度、在减压停留站的深度和停留时间没有改变,当量深度总是大于实际潜水深度,因此减压时间也总是比在水中潜水时长。这个方法同样可用于单次潜水和反复潜水。为了保证具有相应的减压方案,总是在潜水前先计算当量深度:

具体实施步骤如下:

(1)确定泥浆密度;

(2)确定实际潜水深度;

(3)通过表 5-3 确定泥浆潜水的当量深度;

(4)采用当量深度选择减压方案。

表 5-3 泥浆潜水的当量深度

实际潜水深度/m	泥浆密度/(g/cm³)			
	1.1	1.2	1.3	1.4
5	6 m	6 m	9 m	9 m
6	9 m	9 m	9 m	9 m
7	9 m	9 m	12 m	12 m
8	9 m	12 m	12 m	12 m
9	12 m	12 m	12 m	15 m
10	12 m	12 m	15 m	15 m
11	15 m	15 m	15 m	18 m
12	15 m	15 m	18 m	18 m
13	15 m	18 m	18 m	21 m
⋮	⋮	⋮	⋮	⋮
46	51 m	57 m	60 m	
47	54 m	57 m	60 m	
48	54 m	60 m		
49	54 m	60 m		
50	57 m			

注:空白处表示不建议进行此深度潜水。

第七节 ◎ 污染水域潜水

污染水域指任何含有有毒化学品、微生物或放射性物质的水体,这些物质会对暴露其中的人体及潜水装备造成严重的或潜在的伤害。

一、污染水域的分类与识别

1.污染水域的分类

综合污染物种类、性质及污染物浓度等情况,美国海军《污染水域潜水指南》(*Guidance for Diving in Contaminated Waters*)将水质分为以下四类(见表5-4),并给出了在这些水域中进行潜水的基本要求。

表5-4 污染水域的分类及定义

污染水域种类	定义及潜水基本要求
一类水质	(1)严重污染 (2)严重伤害风险(甚至死亡)(注1) (3)潜水员全面防护(使用水面排气潜水装具)(注2)
二类水质	(1)重度污染 (2)高风险(注3) (3)潜水员全面防护(可使用水中排气潜水装具)(注2)(注4)
三类水质	(1)中度污染 (2)有一定的伤害风险(特别是吞咽后) (3)可使用全面罩(包括必要的身体防护)(注5)
四类水质	(1)轻度污染 (2)低伤害风险(注6) (3)可使用标准潜水装具

注:1.不推荐在一类水质的污染水域潜水,除非潜水队伍经过合适训练和具有装备,而且潜水任务是必要的并征得有关方面的同意。
2.全面防护指穿着与潜水靴一体的硫化橡胶干式服(或者其他适合污染水域潜水的干式服)并借助袖环固定干式手套。手套必须被充分扎紧或连接到潜水服,不得使用手套和袖口之间的平衡管,以免手套破损后污水通过平衡管进入潜水服内。
3.伤害或大或小,包括皮肤红肿、皮疹、眼睛或鼻窦红肿等。
4.水中排气必须至少使用双排气结构。
5.可行的话采用正压供气。
6.低风险是指来自污染物而不是指任何潜水方面的风险,仍需进行全面的风险分析。

2.污染物与污染水域的识别

现已确定的对人体和环境有害的化学品、微生物有数千种之多,识别和分析它们涉及材料学、病理学、生物学等多方面的专门知识,这超出了一般潜水从业者的能力范围和业务内容。这种情况可以考虑咨询当地的水务部门、河道管理部门或环境保护部门以了解详情。除此之外,当初次面对可能污染的水域时,包括但不限于以下几种情况对初步判断和识别作业水域是否存在污染有一定的参考作用。

(1)水体颜色是否正常,有无刺鼻的气味,水面有无泡沫,搅动时有无大量泡沫产生,水质有无滑腻、黏滞的感觉,岸边有无颜色较深、发臭的淤泥等。上述任何一种或几种情况存在时,可以初步认定该水域存在某种程度的污染。

(2)周围有无化工厂矿、皮革加工厂、印染厂、垃圾场、医院、养殖场、屠宰场、大型居民区等。水域周边有无排污口,水体中有无垃圾倾倒迹象。当这些场景存在时,应谨慎进行潜水作业。

(3)当作业水域邻近港口、码头、修造船厂时,应关注这些地方主要运输的货物是否与石油化工、矿山、金属冶炼等行业相关。修造船时使用的各种有机涂料往往会造成附近水域的污染物超标。此外,对核电站附近水域放射性污染问题也应引起足够重视。

(4)果园、大棚、农产品生产基地周围的水域在一场大雨过后可能会造成农药、化肥的富集,这一点在规划潜水作业任务时必须加以考虑。

二、潜水装备

1.潜水面镜、全面罩、潜水头盔

所有自携式潜水装备都不适合用于在任何污染水域进行潜水。污水会沿潜水面镜边缘渗入,或通过呼吸咬嘴、排气阀进入呼吸器,进而被潜水员被动吸入和吞咽。使用全面罩可改善上述情况,但需与合适的头罩配合使用。全面罩也存在污水沿密封边缘或排气阀渗入的问题,可以考虑使用正压面罩或者把需供式供气调节成连续供气来加以解决。

在污染水域进行潜水时潜水头盔具有很好的防护效果,但潜水头盔的种类很多,结构上也有很大差别,特别是进排气机构。测试表明,装有普通排气阀的头盔无法有效地阻止少量污水滴进入,在危害性更大的一、二类污染水域内潜水显然不合适。这种情况下应考虑使用安装有二重排气阀甚至四重排气阀的特制头盔以及水面排气的潜水头盔。

2.潜水服

湿式潜水服也不适合在任何污染水域使用,它不仅难以阻挡有毒微生物、化学品及重金属离子与潜水员身体的接触,后期的清理也非常困难。

干式潜水服的种类很多,选择时要综合考虑穿脱方便、易清洗维护、耐化学品损害等因素。在污染水域潜水,一个很重要的原则是尽量缩短潜水员在水底的时间,如果进行减压潜水,水面减压往往成为首选,能否快速穿脱非常重要。表面粗糙、吸水或覆有纤维织物的干式潜水服不方便潜后清理,因此尽量不要选用。另外,在可能存在石油产品或溶剂类化学品污染的水域进行潜水时,潜水服的耐化学品性能也是必须考虑的一个因素。

3.其他装具

(1)手套

如果作业时橡胶潜水手套被异物刺破,污水将会进入手套。若手套与潜水服之间无隔断,污水就会顺之渗入潜水服内,最好在潜水手套外再加一副耐磨、耐剐蹭的普通手套。

(2)供气软管

管供式潜水使用的供气软管通常由丁腈橡胶加氯丁橡胶外层制成,对很多化学品有很好的耐用性,不过若是长时间暴露于高浓度化学污染物中特别是溶剂类化学品中,还是会导致供气软管老化甚至降解,因此在潜前和潜后必须对供气软管做仔细清洗和检查。

(3)空气压缩机

通常进行空气潜水时,需要的压缩空气或者提前准备好通过高压气瓶携带至现场,或者通过空气压缩机就地取材。但在污染水域进行潜水作业时,后一种方式应谨慎为之。如果必须现场获取压缩空气,要保证空气压缩机始终处于污染水域的上风口。

(4)一次性外罩

如果预计潜水时会遇到大量且黏附性很强的污染物时,在潜水服外面套一件一次性外罩很有必要。在潜水员穿戴好潜水装备后再穿上一次性外罩,尽量遮住裸露的装具。

三、潜前准备

在污染水域进行潜水,除规定的标准内容外,以下几点在制订计划、风险评估、物资准备、现场检查时必须考虑进去。

(1)尽可能明确作业水域的污染物种类、污染程度。

(2)明确针对污染情况保证潜水员安全所需的防护水平。如果确定为一类水质,考虑是否必须进行潜水作业,有无其他替代潜水的手段,如使用 ROV 等。

(3)呼吸气体准备是否充足。污染水域潜水通常使用正压面罩或持续供气方式,耗气量要高于往常。如果需要现场进行采集,是否存在气体源污染的问题。

(4)满足防护要求所需的装具和辅助用品是否足够;如果确定污染物为石油化工产品,O 形圈、膜片等易受化学品侵蚀的备件是否充足。

(5)清污设备、物资,如毛刷、洗涤剂、去油剂、喷淋设备是否满足清污要求;是否准备了足够的清水。

(6)可否采用不减压潜水;若必须进行减压潜水,能否在规定的时间间隔内完成清污、去除潜水装具和潜水员向减压舱的转移,必要时需进行反复的演练。

(7)针对现场支持人员的保护是否充分。

(8)清污程序是否合理,现场有无足够的地方来布置、安排不同的清污区域。

(9)如果发生火灾、现场人员中毒等事件,能否迅速得到相关方面的支持、联系方式等。

四、潜后清污程序

潜水员离开水体踏上陆地,清污过程即告开始。初次清洗通常使用高压淡水肥皂液冲洗掉潜水员身上的大部分污染物。有时为避免二次污染,需要对清洗用的洗涤液产生的废水做回收处理。冲洗时注意高压水流要尽量避开潜水装备上的排气阀、密封接头等易泄漏位置,以免将污染物冲入防护层内。初步清洗完成后,可协助潜水员去除其身上的辅助潜水装具。

参与清洗工作的水面支持人员也需做好充分的防护,以防水花溅淋到身上。

完成初次清洗并去除辅助潜水装备后开始进行二次清洗。二次清洗一般使用硬毛刷和合适的清洗液进行刷洗,应根据污染物的种类和性质选择清洗液。当有油污存在时,还需配合使用去油污的清洗剂。但需注意这些去污剂与潜水员装具的兼容性,一些去污剂会损伤潜水装具,在不明确的情况下,应咨询相关专家加以确定。

潜水员和支持人员配合快速而仔细地刷洗潜水员整个身体表面,特别是有褶皱易藏污纳垢之处,如头盔与潜水服连接的地方。确认污染物已全部清除后,再用清水彻底冲洗。

完成二次清洗后,潜水员可以脱去装具。首先去除头盔,然后依次去除潜水服、手套,最后进行正常的潜后洗浴。洗浴时注意保证足够的洗浴时间,充分清洗耳朵、指甲,使用抗菌漱口液漱洗口腔。

若有迹象表明潜水员已经接触了污染物,则有必要进行再次清洗,包括使用稀释的消毒剂进行不少于10 min的皮肤清洗,然后用肥皂清洗并用清水充分喷淋。

在潜水员进行清洗时,必须对所有脱下的潜水装备做二次清洗。在初次大范围清污的基础上,进一步去除污染物,然后使用消毒剂基的溶液至少浸泡30 min,随后用软毛刷子刷洗装备。浸泡和刷洗之后,再用清水彻底冲洗所有装备直到没有泡沫产生。

第八节 ◎ 空气潜水应急程序

一、潜水员通信中断

潜水员通信中断通常是指因潜水员脐带通信电缆或潜水面罩或头盔内的送受话器受损或故障导致潜水员与水面通信中断。应急处置如下:

(1)水面用信号绳或连续闪烁照明灯通知潜水员。潜水员收到信号,应通过信号绳,或利用水下摄像用手势信号回答水面。

(2)潜水员收到信号,原则上应返回水面进行水面减压(如需要),特殊情况按照信号在水下停留减压。

(3)如果未能与潜水员建立联系,或对潜水员的情况存在疑问,应急潜水员应立即下水救援。

二、潜水员热水供给中断

潜水员热水供给中断通常是指由于水面热水装置故障或潜水员脐带热水管与热水潜水服连接脱开导致潜水员热水供给中断。应急处置如下:

(1)评估情况,如果能很快恢复,可不中止潜水。

(2)如果不能很快恢复,应立即中止潜水,尽可能采用水面减压方式完成潜水员减压。

三、潜水员供气中断

潜水员供气中断通常是指由于潜水员脐带受损或水面气源供气故障导致潜水员供气中断。应急处置如下:

（1）如果供气中断原因在水面，水面立即转换备用供气，并通知潜水员中止潜水。如果备用供气能维持，潜水员按选择的减压方案减压；如果备用供气不能维持，潜水员应转换使用携带的应急气瓶供气，并立即上升出水，进行水面减压。

（2）如果供气中断原因在水下，潜水员应立即转换使用携带的应急气瓶供气，并通知水面。潜水员上升出水，进行水面减压。水面也可以将潜水员测深供气加大，潜水员将测深管插入潜水面罩进行呼吸，并立即返回水面。

（3）如果采用潜水吊笼潜水发生供气中断，潜水员应立即返回潜水吊笼，使用潜水吊笼携带的应急气体，并尽可能完成规定的水下减压。

（4）如果潜水员在水下失去知觉，应急潜水员应立即下水救援。应急潜水员应沿潜水员脐带或信号绳找到潜水员，立即打开潜水员的应急气瓶。如果没有气体供给，应将潜水员测深管插入潜水员面罩供气。无论如何，应急潜水员应立即携带潜水员返回水面。如果发生潜水员脐带或信号绳缠绕的情况，可将其切断，但不可摘除潜水面罩或头盔。

（5）水面应做好医疗急救准备，特别是在潜水员没有进行必要的水下减压时，应按放漂处理。

四、潜水员脐带缠绕

潜水员脐带缠绕通常是指由于水下障碍物多、水流快或潜水员未按原来路径返回导致潜水员脐带缠绕。应急处置如下：

（1）潜水员应立即停止作业，解除缠绕。

（2）如果潜水员自己不能解除，应通知水面，应急潜水员立即下水，帮助解除。

五、水下救援潜水员

水下救援潜水员通常是指在潜水员受伤、供气中断或呼吸气体成分差错导致潜水员在水下失去知觉，需要救援时提供救援的人员。应急处置如下：

（1）水面立即转换使用备用气向潜水员供气。如果认为提拉潜水员脐带是安全的，水面提拉潜水员出水，否则应急潜水员应立即下水救援。

（2）应急潜水员沿潜水员脐带或信号绳找到潜水员，并保持与水面的通信。

（3）如果发现潜水员供气中断，立即按供气中断处置。

（4）应急潜水员立即携带潜水员到水面，一旦潜水员头出水，立即摘除潜水面罩，并进行复苏。

（5）立即将潜水员送上甲板进行医疗急救，包括加压治疗。

六、潜水员放漂

潜水员放漂通常是指重装潜水员由于潜水服内气体过多、水流太快或供气中断等紧急出水，导致潜水员放漂。应急处置如下：

（1）立即采用一切手段将潜水员回收到母船甲板。

（2）立即摘除潜水面罩或头盔，以最快速度将潜水员送入加压舱加压，由潜水医生或生命支持员陪舱。至少加压到潜水作业深度，剪开潜水服，进行体检，进行预防性加压治疗或加压治疗。

第六章
氦氧混合气潜水

混合气潜水是使用人工配制的混合气替代压缩空气作为潜水员呼吸气体的一种常规潜水方式。工程潜水中一般用氦气取代氮气，解决了氮麻醉带来的困扰和大深度潜水时氮气呼吸阻力大等问题，进一步增加了潜水深度。

与饱和潜水相比，氦氧混合气潜水的潜水深度和潜水时间有限，但是其需要的设备和技术远比饱和潜水简单。另外，尽管关于饱和潜水的理论研究与实践也历经了几十年，但饱和潜水设备庞杂，对人员要求高，再加上其高昂的作业成本，因此对于深度较浅、潜水时间较短的潜水作业任务，混合气潜水还是具有很大使用价值的。

本章重点介绍氦氧混合气潜水设备、潜水程序等方面的知识。

第一节 ◎ 水面供气式氦氧混合气潜水设备

由于氦氧混合气潜水同样需要空气和氧气以及相似的供气方式和减压方式，因此，水面供气式氦氧混合气潜水的设备与水面供气式空气潜水的设备基本类似。

一、供气系统

水面供气式氦氧混合气潜水的空气和氧气供气系统与水面供气式空气潜水完全相同。但是，进行混合气潜水不仅需要潜水员潜水时呼吸的氦氧混合气（海底混合气），还需要治疗减压病的氧气和一定氧浓度的治疗气，因此与空气潜水不同，氦氧混合气潜水还具有混合气供气系统。该系统包括：混合气储气瓶组，用于储存事先配制好的各类氦氧混合气，储气瓶组由瓶组架和多个气瓶组成，各气瓶通过组阀连接在一起；输气管路将海底混合气从储气瓶组输送到潜水控制面板，将治疗气输送到加压舱；混合气压缩机，用于配制氦氧混合气和为气瓶组充气。

二、潜水控制面板

水面供气式氦氧混合气潜水控制面板与水面供气式空气潜水控制面板相似。但由于涉及水下呼吸气体转换，要求潜水控制面板能同时连接空气和海底混合气，并且空气和混合气能在潜水控制面板上转换供气。

采用人工配制的氦氧混合气作为潜水员呼吸气体，必须对潜水员呼吸气体的氧浓度进行持续监测,因此要求潜水控制面板上所有氦氧混合气管路都具有呼吸气体取样管路并配有氧浓度分析仪。另外,由于氦氧混合气十分昂贵、泄漏率高,这就要求潜水控制面板保证低泄漏率。

三、潜水电话

潜水电话用于水面与潜水员有线双向语音通话。因为氦氧混合气潜水存在"氦语音"问题,因此需要采用具有"氦语音"矫正功能的特殊潜水电话,俗称氦氧电话。潜水现场必须有备用氦氧电话。

四、氧分析仪

事先配制的氦氧混合气运抵现场后,在氦氧混合气储气瓶连接到供气管路之前,必须再次测试氧浓度,并且在供气过程中持续监测氧浓度。因此,与空气潜水不同,氦氧混合气潜水现场必须准备氧分析仪且必须有备用。

五、潜水面罩、头盔和潜水服

水面供气式氦氧常规轻装潜水的潜水面罩和头盔与水面供气式空气轻装潜水的潜水面罩和头盔完全相同。

氦氧常规潜水对潜水员的保暖要求高,轻装潜水通常采用热水服或等容干式潜水服,不使用保暖性能差的湿式潜水服或耗气量大的非等容干式潜水服。

六、其他

潜水员应急气瓶、脐带和个人装具、热水系统、出入水系统以及加压舱等均与空气潜水相同,但应急气瓶需存储有海底混合气,而加压舱的控制台要能与治疗用的混合气(治疗气)连接,并能向加压舱内呼吸面罩(BIBS)提供治疗气。

第二节 ◉ 水面供气式氦氧混合气潜水前的准备

与空气潜水一样,氦氧混合气潜水前也需要编制潜水作业计划并认真贯彻执行,根据作业要求进行相应的风险评估,组成潜水作业队和准备相应的作业文件。上述工作的内容及要求均与水面供气式空气潜水相同,差别在于两者使用的呼吸气体不同、使用的装具有所不同。

在气体配置方面需事先计算确定本次潜水作业需要的气体的种类和数量,而这些又取决于潜水作业的深度,潜水作业时间,采用的潜水装具、减压表、治疗表等。

一、海底混合气的配置

由于不同深度的氦氧混合气潜水海底混合气的氧分压是相近的,因此使用的海底混合气的氧浓度取决于潜水深度,应按照所采用的减压表的规定执行。潜水员呼吸气体消耗量按 40 L/min 计算。

二、治疗气的配置

治疗气是潜水员治疗减压病时的呼吸气体(在加压舱内通过呼吸面罩呼吸)。

在使用深度,治疗气的氧分压通常为 0.16～0.28 MPa,在各使用深度治疗气的氧浓度应符合所采用的治疗表的规定。

按照上海打捞局采用的治疗表,在水面供气式氦氧混合气潜水的范围内,只需要 23/77、50/50 两种治疗用氦氧混合气,另外,纯氧也可作为治疗气。

各种治疗气的数量按照参加治疗的潜水员的数量,以及采用的治疗表规定的使用深度和使用时间计算,在使用深度的耗气量按 15 L/min 计算,通常可按表 6-1 配置,但氧气通常配置 90 m³。

表 6-1　治疗气最低储备表(每名潜水员配置数量)

使用深度/m	气体成分(氧气%/氦气%)	数量/(m³/人)
0～18	100(纯氧)	10
18～40	50/50	15
30～60	35/65	21
60～116	20/80	38
90～157	15/85	52
140～241	10/90	82

三、氧气(不包括治疗用氧气)的配置

这里所述氧气是指用于潜水员吸氧减压的氧气。

氧气量按照减压的潜水员人次、采用的减压表规定的吸氧深度和吸氧时间计算,在使用深度的耗气量按 20 L/min 计算。

如果吸氧减压深度不同,则按照不同深度的吸氧时间分别计算,并将总量相加。

四、压缩空气的配置

在水面供气式氦氧混合气潜水中,压缩空气用于潜水员下潜时,作为转换呼吸海底混合气前的潜水员呼吸气体;在水下减压阶段,作为转换呼吸空气后的潜水员呼吸气体;在水面减压时,作为加压舱加压和通风气体;在减压病治疗时,作为加压舱加压和通风气体。

压缩空气通常采取现场采集方式获取,不需要计算配置数量。如果预先配置压缩空气,可参照水面供气式空气潜水的计算方法。

第三节 ⊙ 水面供气式氦氧混合气潜水前的检查

水面供气式氦氧混合气潜水前的检查内容及要求与水面供气式空气潜水类似,包括设备检查、气体检查、人员检查、环境条件检查、潜水作业许可检查、动力定位检查和

ROV 参与作业时的检查等,这里仅介绍气体检查方面的内容,具体内容有以下几个方面。其他可参考空气潜水。

一、气体满足潜水作业要求

压缩空气、海底混合气和氧气的储气量和供气压力满足潜水作业要求。海底混合气氧浓度正确。

二、气体最低储备量满足要求

1.海底混合气最低储备量

海底混合气的最低储备量为:本次潜水所需要的海底混合气数量加进行一次该深度 30 min 潜水所需要的海底混合气数量。潜水员耗气量为 40 L/min。注意最低储备量是指有效供气量。

2.治疗气最低储备量

按照表 6-1 准备,氧气通常为 90 m³。

3.氧气最低储备量(不包括作为治疗气的氧气)

氧气最低储备量为本次潜水最大作业深度 2 次减压所需要的氧气量。

4.压缩空气最低储备量

进行 2 次水面减压、加压舱加压和通风用气需要;进行 2 次可能的最大深度治疗,加压舱加压和通风用气需要。

第四节 ◎ 水面供气式氦氧混合气潜水程序

一、水下减压方式潜水程序

1.着装

将压缩空气和海底混合气供至潜水控制面板,调节好供气压力。

潜水控制面板向潜水员脐带供空气(作为呼吸气体),试验潜水面罩供气和通信性能,潜水员着装。应急潜水员同时着装,但不戴潜水面罩或头盔、压重。

2.入水

潜水员呼吸空气,使用潜水梯或潜水吊笼到达水面,沿入水导向绳下潜,下潜速度为 15~20 m/min,水面供气面板测深,记录入水时间。

(1)转换呼吸海底混合气

潜水员下潜至 20 m 深度,通过水面潜水控制面板转换呼吸气体,即潜水员从呼吸空气改为呼吸海底混合气。转换过程中潜水员继续下潜,水面注意潜水员语音变化和生理反应,不断测深。

（2）潜水作业深度停留作业

潜水员下潜至作业地点，进行潜水作业，此时仍呼吸海底混合气。水面保持与潜水员通信联系，注意潜水员生理反应，呼吸声音和呼吸气泡，并不断测深。

潜水员应向水面报告作业进度、深度变化和环境情况。

（3）离底上升

潜水员完成作业，离底上升，水面记录离底时间。水面根据潜水作业深度和时间（水底时间）选择减压方案。

如果潜水员呼吸的海底混合气的氧浓度不是减压表规定的在该潜水作业深度所采用的氧浓度，则应使用当量换算表换算成相应潜水作业深度，并以此深度作为本次潜水作业深度，选择减压方案。

（4）上升至第一停留站

上升至第一停留站的深度和速度按所选择的减压方案的规定执行。离底上升时，潜水员仍呼吸海底混合气，上升至何深度转换呼吸气体按所采用的减压方案的规定执行。如上海打捞局采用的减压表规定 69 m/20 min 减压方案上升至 30 m 深度时，潜水员转换呼吸空气。

（5）水下停留减压

潜水员上升至第一停留站，按所采用的减压方案规定的停留时间停留减压。

依此类推，潜水员在各停留站停留减压，直至回到水面（常压）。潜水员在各停留站的停留时间、呼吸气体种类按所采用的减压方案规定执行。

（6）出水

潜水员出水后，必须在舱旁观察 12 h，24 h 内不可乘坐飞机。若需进行下一次潜水，应间隔 18~24 h。

二、水面减压方式潜水程序

水面减压方式潜水程序与水下减压方式潜水程序在离底前基本相同，这里不再赘述。主要差别在离底后上升阶段和随后的水面减压阶段。

1.上升至第一停留站

上升至第一停留站的深度和速度按所采用的减压方案的规定执行。离底上升时，潜水员仍呼吸海底混合气，上升至何深度转换呼吸气体按照采用的减压方案的规定执行。

2.水下停留减压

潜水员上升至第一停留站，按所采用的减压表规定的停留时间和呼吸气体，停留减压。

按采用的减压方案的规定，潜水员依次在各停留站停留减压。停留时间和呼吸气体按采用的减压表的规定执行。

3.出水

按采用的减压方案规定的最后一个水下停留站（出水停留站）停留完毕，潜水员上升出水（回到水面常压）。

如果第一停留站深度相当于或浅于规定的最后一个水下停留站深度，则潜水员在第一停留站停留减压完毕,即可上升出水。

通常出水停留站的深度为 12 m 或 9 m。

4.水面间隔

潜水员出水后,快速卸装,进入 DDC。潜水员水面常压暴露时间(水面间隔)不允许超过 6 min 或 5 min(越短越安全)。

5.水面减压

潜水员进入 DDC 后,使用空气将 DDC 立即快速加压至减压表规定的深度。到达加压深度后,按所采用的减压表规定的时间停留,并继续按减压方案规定的停留深度和停留时间,完成水面减压。

水面减压阶段,潜水员呼吸气体按减压方案的规定执行,通常为纯氧(间隔呼吸空气)。

6.出舱

潜水员完成水面减压后,必须在舱旁观察 12 h,24 h 内不可乘坐飞机,18~24 h 后才能进行下一次潜水。

第五节 ◎ 潜水钟–甲板减压舱方式氦氧混合气潜水

一、潜水装备

潜水钟–甲板减压舱(SDC-DDC)方式氦氧混合气潜水的特点是潜水员由可与甲板减压舱对接的潜水钟运送至潜水作业深度,随后从潜水钟出发进行潜水,潜水结束后返回潜水钟。在高压状态下提升潜水钟出水,并与甲板减压舱对接,潜水员在高压状态下进入甲板减压舱减压,或先在 SDC 内减压到一定深度,再进入甲板减压舱内完成剩余减压。

SDC-DDC 方式氦氧混合气潜水通常采用饱和潜水系统,SDC-DDC 系统将在饱和潜水章节详细介绍。

需要指出的是,SDC-DDC 方式氦氧混合气潜水需要有同水面供气式氦氧混合气潜水相似的压缩空气供气系统,但由于甲板减压舱的容积更大,加压深度更深,因此压缩空气供气系统的供气量需要更大。

另外,SDC-DDC 方式氦氧混合气潜水需要一套水面供气式混合气潜水系统作为应急潜水系统。

二、潜水前的准备

进行 SDC-DDC 方式氦氧混合气潜水前同样需要编制潜水作业计划并认真贯彻执行,进行必要的风险评估,准备相关的潜水文件,以及对人员、设备、文件、环境等进行潜水前的仔细检查,这些内容均与水面供气式空气潜水及水面供气式氦氧混合气潜水类似,不再重复介绍,以下仅介绍相异部分的内容。

1.潜水队的组成

潜水队的组成应依据作业任务、潜水深度、环境条件、潜水母船、潜水程序、应急程序、作业时间和相关法规来确定。

SDC-DDC方式氦氧混合气潜水作业队的最低配置应包括:

1名潜水监督;

1名生命支持监督;

1名生命支持员;

2名潜水钟内潜水员;

1名水面应急潜水员;

1名水面应急潜水照料员;

1名机械技师;

1名电气技师。

2.气体配置

(1)海底混合气的配置

在SDC-DDC方式氦氧混合气潜水中,海底混合气用于SDC加压、潜水员呼吸气体以及为SDC携带的应急气瓶和钟人呼吸气瓶充气。氧浓度同水面管供氦氧常规潜水,在潜水作业深度的氧分压为0.12~0.16 MPa。如上海打捞局采用的SDC-DDC方式氦氧混合气潜水减压表规定潜水作业深度为120 m,应采用氧浓度为10%的(10/90)氦氧混合气。

加压SDC需要的海底混合气量,根据作业深度、加压舱容积及加压次数来确定。潜水员呼吸需要的海底混合气量根据潜水员数量、下潜深度、减压方案等进行计算。其最低储备量则根据完成本次潜水任务及额外30 min潜水任务的需要来确定。

(2)治疗气的配置

治疗气的配置及最低储备量规定与水面供气式氦氧混合气潜水完全相同。由于SDC-DDC方式氦氧混合气潜水通常深度较深,因此需要的治疗气种类和治疗气量大于水面供气式氦氧混合气潜水。

(3)氧气的配置

氧气的配置及最低储备量规定与水面供气式氦氧混合气潜水相同。但是,SDC携带氧气的最低储备量要满足潜水钟内所有潜水员24 h的代谢消耗,因此通常根据SDC内潜水员的数量加以确定。

(4)压缩空气的配置

SDC-DDC方式氦氧混合气潜水由于在潜水过程中潜水员不转换呼吸空气,所以压缩空气仅用于潜水员在DDC内减压或治疗减压病时加压。如果压缩空气为现场采集,不需要计算配置量。如果压缩空气为预先配置,可参照水面供气式空气潜水的计算方法,最低要满足2次减压、DDC加压和通风用气需要,以及2次可能最大深度治疗、DDC加压和通风用气需要。

三、潜水程序

1.完成潜水前的准备和检查

潜水前检查由潜水监督负责。

海底混合气供气至潜水控制室 SDC 控制面板。如果是首次潜水,应通过 SDC 控制面板供气(海底混合气)冲洗 SDC 脐带加压管路,并冲洗 SDC 脐带呼吸管路。随后用其他空气管路(不经过 SDC 控制面板和 SDC 脐带)冲洗 SDC 内部。

在潜放 SDC 前,必须将 SDC 导索和导索压重沉放至预定深度。SDC 导索和导索压重沉放深度通常比 SDC 潜放深度深 2~5 m,应避免将导索压重放到海底。

潜水员和钟人按照 SDC 检查表完成 SDC 潜水前检查,并获得潜水监督的认可。生命支持员完成 DDC 检查,并获得生命支持监督的认可。

潜水员着装(热水服,不戴潜水面罩),钟人着装(钟人服或热水服,不戴潜水面罩),应急潜水员着装就位。

2.沉放 SDC

潜水员及钟人进入常压状态下的 SDC(不允许 SDC 内仅 1 人),起吊 SDC,关闭 SDC 外底门(内底门打开、固定,对于侧接式的 SDC,侧外门和侧内门也都要关闭)。

沿导索沉放 SDC(SDC 内处于常压状态)。SDC 沉放过程中,SDC 内潜水员(钟人)应注意外底门水密性,潜水控制室应持续对 SDC 测深,并与 SDC 内潜水员(钟人)保持通信联系。

沉放 SDC 至预定深度。SDC 沉放深度一般在潜水作业深度上方 5 m。

(1)潜水员出潜

使用海底混合气对 SDC 进行加压。SDC 加压可通过潜水控制室 SDC 控制面板进行,也可以由 SDC 内潜水员通过 SDC 脐带加压阀加压。自 SDC 加压开始计算潜水时间。

SDC 加压速度为 15~20 m/min,也可以更快。SDC 内压力达到 10 m 后,钟人再次检查潜水员潜水面罩和钟人潜水面罩供气、通信,并打开热水流量阀,检查热水温度和流量。随后,潜水员在钟人的帮助下,戴上潜水面罩和应急气瓶。

SDC 持续加压至外底门自动打开,停止加压。

潜水员出潜,钟人报告水面。

(2)水下停留

潜水员到达作业位置并报告水面。水面应对潜水员测深。

潜水员出潜作业期间,钟人应照顾好潜水员脐带,注意潜水员信号和水面控制室指令,做好应急出潜准备,并注意观察潜水呼吸气体和钟人呼吸气体压力,潜水呼吸气体自动转换阀位置。

水面控制室应与钟人(SDC 内)保持通信联系,监控 SDC 环境参数,包括深度、氧分压(氧浓度)、二氧化碳分压(应小于 1 kPa)。如 SDC 内二氧化碳分压高,可对 SDC 进行通风。如氧分压(氧浓度)偏低,通知钟人对 SDC 补氧。

水面应与潜水员保持通信联系,注意潜水员深度和呼吸声。

潜水员应向水面报告作业进度、作业环境情况、深度变化。

完成潜水作业,潜水员返回 SDC。此时钟人应照顾好潜水员脐带,调节 SDC 内水位至方便潜水员进入 SDC,协助潜水员进入 SDC,并卸下潜水面罩和应急气瓶。

(3)提升 SDC 出水

关闭 SDC 内底门和平衡阀,钟人对 SDC 加压密封(可加压 2~5 m,但应避免 SDC 内深度超过潜水员潜水深度)。

钟人和潜水监督确认 SDC 已密封,水面开始提升 SDC,提升 10 m 后停留,再次检查 SDC 的密封性。确认 SDC 密封良好,继续提升 SDC 出水。如果 SDC 的密封性不好,则打开内底门检查,并清洁密封面,随后关闭内底门和平衡阀,重新加压密封。

在 SDC 提升过程中,同步回收 SDC 脐带。注意在 SDC 提升过程中,不准对 SDC 进行减压。提升 SDC 出水,并与 A 型架锁定钩连接。

(4)SDC 与 DDC 对接

SDC 开始减压,自 SDC 开始减压起,停止计算潜水时间(水底时间)。根据潜水作业深度(潜水员到达的最大深度)和潜水时间,选择减压方案。SDC 减压,可由水面控制室实施,但一般由钟人执行。

潜水员和钟人在 SDC 内减压至第一停留站。减压速度、第一停留站深度、停留时间和减压过程中的呼吸气体按所采用的减压表的规定执行。

SDC 与 DDC 的对接深度按照采用的减压表的规定执行。

通常情况下,如果第一停留站深度等于或浅于对接深度,则第一停留站深度为对接深度,到达第一停留站,潜水员和钟人转入 DDC 内继续减压。

如果第一停留站深度深于对接深度,则钟内人员在 SDC 内继续减压至对接深度。

对接深度,以及对接深度以深的各停留站深度、停留时间、呼吸气体按照采用的减压表的规定执行。

到达第一停留站后,潜水员和钟人按照采用的减压方案规定的停留时间,在 SDC 内停留减压,呼吸 SDC 内海底混合气。

对第一停留站以后的深度大于 54 m 的停留站,潜水员和钟人同样留在 SDC 内,按所采用的减压方案规定的停留深度和停留时间进行减压,呼吸 SDC 内海底混合气,直至到达 54 m 停留站。

到达 54 m 停留站,潜水员和钟人转入 DDC 内减压。

如果第一停留站深度为 54 m 或浅于 54 m,则第一停留站深度为对接深度。

潜水员和钟人在 SDC 内减压至第一停留站,减压过程中呼吸 SDC 内海底混合气。

到达第一停留站,潜水员和钟人转入 DDC 内减压。

如果到达对接深度(54 m 停留站,或深度浅于 54 m 的第一停留站),潜水员和钟人来不及转入 DDC(转换呼吸空气),潜水员和钟人则在 SDC 内,使用呼吸面罩呼吸水面控制室(通过 SDC 脐带)供给的 23/77 氦氧混合气,直至进入 DDC 内呼吸空气。

SDC 与 DDC 对接(如果是侧接式 SDC,对接前要先打开 SDC 外侧门),锁紧连接卡环。

SDC 与 DDC 对接后(DDC 对接顶门或侧门处于打开状态),采用空气加压 DDC 至对接深度。DDC 应首先加压 5~10 m,检查密封情况(DDC 压力是否保持稳定),待潜水监督和生命支持员确认密封良好,将 DDC 加压至对接深度。

潜水员和钟人在 SDC 内减压至对接深度,打开 SDC 内底门平衡阀,平衡 SDC 与 DDC 压力,随后打开 SDC 内底门,进入 DDC,并立即关闭 DDC 对接顶门或侧门,防止 SDC 内低氧浓度氦氧混合气进入 DDC 内,同时用空气对 DDC 进行大量通风。

(5)潜水员和钟人在 DDC 内减压

潜水员和钟人在 DDC 内继续减压。减压过程中,各停留站深度、停留时间和呼吸气体按采用的减压方案规定执行。

潜水员和钟人在 DDC 内完成减压后出舱,在舱旁观察 12 h,18~24 h 后方可反复潜水,24 h 内不允许乘坐飞机。

第七章
饱和潜水

饱和潜水是人类潜水技术发展的最新成果,不仅具有常规潜水方式无可比拟的潜水深度和潜水时间,而且具有更高的潜水作业效率和安全性。因此,饱和潜水在救助打捞和海洋工程等领域发挥着重要的作用。

饱和潜水出入水、水下作业、加减压等均需严格遵循一定的作业程序,方能保证整个作业任务的安全、顺利完成。为此,本章将分别从饱和潜水系统(设备)、饱和潜水作业管理、饱和潜水气体配置以及饱和潜水程序等方面来介绍。

第一节 ◎ 饱和潜水系统

完成饱和潜水任务需要一系列复杂的设备,这一系列设备组合称为饱和潜水系统。

饱和潜水系统的类型有多种,有将居住舱置于水面的,也有置于水下的。但无论类型、结构如何,饱和潜水系统的功能应包括:

(1)将潜水员加压到居住深度;

(2)维持潜水员在高压环境下的生活和居住;

(3)在高压状态下运载潜水员到达潜水作业位置或返回甲板减压舱(DDC);

(4)为潜水员提供呼吸气体、热水、通信、测深、视频监控和气体回收等支持;

(5)将潜水员从居住深度减压到水面常压。

目前国内外应用于工程潜水领域的饱和潜水系统都是将居住舱置于水面,如置于岸边、钻井平台或潜水母船甲板上,这样更方便控制与维修。此类饱和潜水系统主要由以下几部分组成:

(1)甲板减压舱(DDC);

(2)潜水钟(SDC);

(3)SDC 吊放系统;

(4)饱和潜水生命支持系统。

此外,当发生火灾或潜水母船处于危险时,为保证处于饱和状态的潜水员的安全,所有的饱和潜水系统还配备了高压逃生系统,可以使潜水员迅速脱离危险区域,并可在高压状态下维持一定时间。图 7-1 为上海打捞局的 200 m 饱和潜水系统结构示意图。

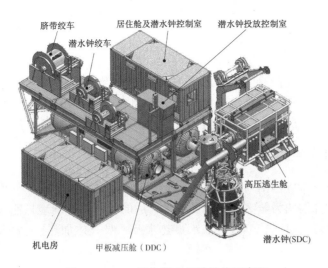

图 7-1　200 m 饱和潜水系统结构示意图

一、甲板减压舱(DDC)

甲板减压舱的功能是:将饱和潜水员加压到居住深度;为处于中性气体饱和状态下的潜水员提供生活和居住场所;完成潜水作业任务后,将潜水员从居住深度减压到水面常压。

在甲板减压舱舱室内外连接有复杂的气路、水路、电路管线,以实现对 DDC 的深度(压力)控制、气体成分控制,满足潜水员的卫生需要,提供照明、通信、视频监控等支持。

每个甲板减压舱应由生活舱(干舱)和过渡舱(湿舱)组成。生活舱应保持干燥并装有标准床铺供潜水员居住与休息,过渡舱用于潜水员淋浴、如厕以及与潜水钟(SDC)对接。

甲板减压舱舱壁需安装有递物筒并开有观察窗。递物筒用于内外传递物品,部分 DDC 装有较大直径的设备递物筒,用于传递体积较大的设备。观察窗用于在 DDC 外对 DDC 内进行全面的观察,由高强度有机玻璃制成。

为避免舱室气体被污染而对潜水员可能造成损害以及满足治疗减压病的需要,甲板减压舱必须配备应急呼吸面罩(BIBS),以便在必要时为潜水员提供应急呼吸气和治疗气。

二、潜水钟(SDC)

潜水钟又称为闭式钟,其外形如图 7-1 所示,是一个能潜入水中的球形密闭加压舱。潜水钟外部装有环形缓冲架,缓冲架上固定有应急呼吸气瓶和氧气瓶。

潜水钟的作用是在高压状态下运载潜水员、工具和相关设备到达潜水作业位置和返回甲板减压舱。在进行水下作业时,SDC 又作为水下作业基地,为潜水员提供呼吸气、热水、通信、照明、视频、深度检测、气体回收和应急避难场所。

潜水钟的上部与下部均开有观察窗,底部开有底舱门,供潜水员进行水下作业时进出。在水面时,潜水钟通过底门或侧门与过渡舱或公共对接舱连接进而连接到 DDC。无论是底门还是侧门必须由内、外门组成,所有的门都能在任何一侧打开,直径应满足

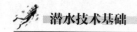

潜水员自由进出的要求。

三、SDC 吊放系统

SDC 吊放系统的功能是实现 SDC 与 DDC 的分离和连接,以及将 SDC 潜放到工作深度和提升到水面。SDC 吊放系统通常由操纵控制室(控制台)、液压动力站、SDC 绞车、SDC 导索绞车、SDC 脐带绞车、A 型架、SDC 与 DDC 连接通道锁紧装置组成。

四、饱和潜水生命支持系统

广义的生命支持应包括对 DDC 内所有环境参数的控制以及应急呼吸气和治疗气的供给。除前文介绍的为舱室和潜水员提供合适的气体并准确地控制气体成分和压力外,生命支持系统还包括舱室环控、潜水员热水及呼吸气体加热、卫生水以及潜水员呼吸气体回收等。

五、高压逃生系统(HRC)

高压逃生系统的功能是在饱和潜水母船发生沉船危险时,保证饱和潜水系统内的潜水员在高压状态下逃生。高压逃生系统可分为三种基本类型:适用于逃生的潜水钟;高压逃生舱;高压救生艇,自带推进动力,能迅速离开产生碳氢化合物的区域,常用于钻井平台。目前国内饱和潜水系统采用的都是高压逃生舱,如图 7-2 所示。

图 7-2　高压逃生舱

高压逃生舱外形及结构与 DDC 类似,在饱和潜水作业期间与 DDC 保持连接。通常,高压逃生系统由高压逃生舱、高压逃生舱释放系统、应急控制室和应急脐带组成。部分高压逃生舱可以兼作 DDC。

高压逃生舱必须能容纳饱和潜水系统内所有潜水员并且至少要能维持潜水员生存 24 h。因此,高压逃生舱携带的呼吸气体、电源、各类物资(包括医疗用品)等必须满足上述需要。

第二节 ◎ 饱和潜水作业管理

目前,饱和潜水作业实践大部分集中在水下 75~300 m,潜水员承受着极高的环境压力,稍有不慎,便会引发危险事件。同时,饱和潜水的设备极为复杂,任何一个环节准备不周,或者操作不当,将会危及潜水员的生命安全。

为保证准备工作和实际操作准确无误,必须将饱和潜水作业纳入科学的管理体系中,根据实际情况,编制严格的作业计划、选择合格的操作人员、制定周密的入水前检查程序,以保证整个过程不出现任何差错。

一、饱和潜水作业计划的编制与贯彻

与其他潜水作业一样,在饱和潜水作业开始前,必须制订作业计划,一般由潜水总监或潜水监督编写。作业计划应包括:任务描述,如作业地点、水深、水文气象条件、邻近船舶或水上和水下设施、饱和潜水作业内容等;作业不同阶段的饱和潜水工作深度和居住深度、预计工期、人员组成、气体配置方案、最低储备量以及配制或购置要求(时间和储存方式);饱和潜水作业需要的其他消耗材料的品种和数量,需要的设备、特殊水下工具和安全操作规定等。

完成饱和潜水作业计划编制并经潜水作业单位批准后,计划内容需传达至潜水队的每个成员并报给客户(业主)代表、项目经理、潜水母船船长等以便协调贯彻。

二、饱和潜水作业队

饱和潜水作业队人员数量受到作业母船类型、饱和潜水系统、作业内容、每天作业时间以及国家法规等因素的影响而有所变动,但原则是保证作业的安全和效率。

饱和潜水作业队最低人员配备(6 名饱和潜水员,24 h 作业)如下:

潜水总监:1 名;

潜水监督:2 名;

饱和潜水员:6 名;

水面应急潜水员:2 名;

潜水照料员:2 名;

生命支持监督:2 名;

生命支持员:2 名;

潜水机电监督:1 名;

潜水机电员:2 名;

共计:20 名。

饱和潜水作业队的人员数量受许多因素影响,这仅仅是最低人员配备,实际配备人数往往要超过很多,通常还包括甲板人员和工程技术人员。

三、饱和潜水作业队人员资质要求

饱和潜水作业队人员通常要求具备的证书如下:

健康证明;适任证书(饱和潜水员证书、饱和潜水监督证书、饱和潜水生命支持监督和饱和潜水生命支持员证书、饱和潜水机电监督和饱和潜水机电员证书等);记录簿(潜水总监、潜水监督、潜水员、生命支持监督、生命支持员、潜水机电监督和潜水机电员等的记录簿);专项技能培训合格证;任命书(潜水总监、潜水监督、生命支持监督和潜水机电监督);等等。

上述是饱和潜水作业队人员通常应具备的证书,不同国家、地区或作业母船还可能有其他特殊规定。

四、饱和潜水作业相关各类人员岗位职责

明确每个人的职责、每个人在整个饱和潜水作业过程中的工作内容是保证作业顺利、安全的前提。除饱和潜水队每一名队员外,与作业相关的各方面均需明确和承担相应的职责,如潜水作业单位、客户、工程管理单位、母船船长等。

五、饱和潜水作业文件

饱和潜水作业文件分为个人携带文件及现场作业文件。

个人携带文件有记录簿、工作记录、公司的任命书(如果需要)、培训或资格证书、健康证明、专项技能培训合格证等。其中潜水监督、潜水员、生命支持监督、生命支持员、潜水照料员需携带记录簿。

每人的记录簿均应及时记录,并由个人和相关潜水监督签名。记录簿对潜水员特别重要,如果存在健康问题,潜水记录是重要的参考。因此,记录簿应记录下每一次潜水作业的详细情况,如记录的日期,潜水作业单位的名称、工程名称和地点,潜水母船或潜水作业场所名称,潜水监督的名字,巡回潜水深度,离开潜水钟出潜时刻,返回潜水钟时刻,巡潜时间等。

此外,还应记录每次潜水使用的潜水装具和呼吸气体、潜水作业情况和使用的工具设备、采用的减压方案等。

作业现场文件则包括饱和潜水作业计划、饱和潜水作业程序、饱和潜水作业手册、安全管理系统、现场设备的技术手册和备件清单、饱和潜水系统设备维修计划、维修保养记录、报告和记录簿、检查表、巡回潜水表、减压表、治疗表等。

此外,还应包括作业地法规和相关的指导性通知、公告,国家指导性文件和通知,以及通用的国际法规、操作规程和技术标准。

六、饱和潜水风险评估

饱和潜水风险评估是指在进行饱和潜水作业前对每一个可预见的风险进行评估的过程,并将结果记录在案。评估内容包括对作业手册中包含的常规的饱和潜水程序的风险评估及对潜水作业地和潜水作业任务的特殊风险评估。饱和潜水具体评估方法和原则与氦氧混合气常规潜水相同。

七、饱和潜水作业限制规定

饱和潜水作业限制规定是根据饱和潜水作业的特点,为了保证潜水员和饱和潜水

作业人员的安全和健康所制定的强制性规定,包括高压暴露时间、工作时间、中间减压限制、潜水员脐带长度限制、转变中性气体、环境条件等,饱和潜水作业各方都必须遵循。

1.高压暴露时间

通常对每个潜水员而言,一次饱和潜水高压暴露时间(从开始加压到完成减压出舱)不超过28天。如需超过,必须事先得到潜水作业单位批准。

两次饱和潜水之间的水面间隔不少于前一次饱和潜水高压暴露时间。特殊情况下,水面间隔不能少于前一次饱和潜水高压暴露时间的50%,并应得到潜水作业单位批准。对于每个潜水员,每12个月累计饱和潜水高压暴露时间不能超过182天。

2.工作时间

饱和潜水期间,每24 h每个潜水员至少有12 h的休息时间,每24 h每个潜水员在SDC内工作时间不超过8 h,潜水员一次巡回潜水的时间(即在水里时间)不超过6 h。

3.中间减压限制

在饱和潜水作业时,居住深度是可以改变的。但是,应避免造成过多次中间减压,特别是因气象条件不好而对潜水员进行减压(降低居住深度)是不被允许的。过多的中间减压会引起减压疲劳,增加发生减压病的危险。

对任何一次饱和潜水,DDC累计的减压距离不能超过本次饱和潜水最大居住深度的1.5倍。如最大居住深度是150 m,累计减压距离不能超过225 m。

4.潜水员脐带长度限制

饱和潜水员脐带是指潜水员进行巡回潜水的脐带和钟人脐带。潜水员脐带长度取决于潜水作业的距离、离最近危险物的距离、环境条件、回家气瓶的气体容量等因素。一般而言,要求潜水员脐带长度至少比最近危险的距离短5 m,而且不论脐带长度是多少,至少有3 m留在SDC内作备用。钟人脐带比潜水员巡回潜水脐带长2~5 m,以保证钟人出潜救援潜水员的需要。回家气瓶的气体容量要满足每10 m脐带长度供气1 min。

八、其他

1.作业气体管理

饱和潜水作业气体必须由专人负责管理,并在生命支持监督的领导下工作。当气体上船时,必须测试气体的氧浓度、压力,测试结果和气体数量必须记录在气体记录簿上。气体的成分必须清楚地标记在储气瓶或储气瓶组上,空的储气瓶或储气瓶组也必须标明是空的。每个储气瓶或储气瓶组的气体成分、压力、数量以及所在的位置应显示在控制室气体储存和连接显示板上,每个值班周期必须更新一次。

所有气体的接收、供给消耗、转移和混合应记录在气体记录簿上。气体的数量应通过每日报告报公司或基地。未经分析的气体不得接入气体管路。

作业过程中,即使具有气体回收系统,各种气体储备量也不得低于该气体规定的最低储备量,否则中止潜水,开始最终减压。为避免发生错将纯氦用作潜水呼吸气体而导致事故,不准将纯氦(包括纯氦)带到现场或带上船,而是由2/98的氦氧混合气取代

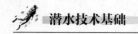

纯氦。

2.设备管理

饱和潜水系统必须入级,其设计制造必须符合申请入级船级社和相关规范的要求。其中的主要设备必须取得相关船级社的证书,并保持证书有效。建立健全饱和潜水系统所有设备的维护保养管理体系。维护保养计划可依据时间、运转小时、制造厂商的建议和以往的经验制订。维护保养人员必须做好保养工作记录。

3.其他耗材管理

(1)钠石灰

钠石灰用于吸收 DDC、SDC 和 HRC 内潜水员呼吸排出的二氧化碳。1 kg 钠石灰可以吸收 1 名潜水员 4 h 产生的二氧化碳。

饱和潜水作业时,按照每名潜水员 1 天 6 kg 来配置钠石灰,SDC 每潜放 1 次更换 1 次钠石灰计算,另加安全储备 30%。饱和潜水作业时,钠石灰的最低储备量为 14 天的用量。

(2)活性炭

活性炭用于吸收 DDC 内潜水员产生的臭气及其他有机化合物。饱和潜水作业时,按每名潜水员 1 天 1 kg 配置活性炭,另加安全储备 30%。

(3)硅胶

硅胶用作 DDC 辅助除湿剂。由于硅胶可以再生,饱和潜水作业时,硅胶按照 1 次更换量的 2 倍配置。

第三节 ◎ 饱和潜水气体配置

饱和潜水气体配置是指按照饱和潜水作业计划,确定所需要的气体种类、各种气体的氧浓度,估算各种气体需要的数量,以及饱和潜水作业最低气体储备量。其主要依据潜水作业的工作深度和居住深度、作业时间、潜水员数量、系统的容积、采用的作业程序、深度变化等因素来确定。

一、饱和潜水作业气体的种类

饱和潜水需要的气体较常规潜水更为繁多和复杂,主要有舱室加压气、舱室应急呼吸气、海底混合气、氧气、治疗气、潜水员应急气瓶(回家气瓶)气体、水面应急潜水氦氧混合气等。

其中,舱室加压气是指将 DDC、SDC、HRC 加压到居住深度,以及维持舱室压力和环境所需要的加压气,包括第一阶段加压气、第二阶段加压气、舱室应急加压气(舱室操作气)。

舱室应急呼吸气指在饱和潜水各阶段,当 DDC 内环境气体被污染时,DDC 内潜水员通过呼吸面罩(BIBS)呼吸的应急气体。

海底混合气是指巡回潜水时潜水员的呼吸气体,它还用于将 SDC 从居住深度加压到工作深度,为 SDC 与 DDC 连接通道加压、SDC 应急气瓶和钟人呼吸气瓶充气、HRC

应急气瓶充气,以及作为 DDC 应急加压气和应急呼吸气。

氧气用于对 DDC 内潜水员呼吸消耗进行补氧,在最终减压阶段提高 DDC 氧分压和维持 DDC 氧分压,为 SDC 和 HRC 携带的氧气瓶充氧,以及作为治疗气或应急减压时的呼吸面罩(BIBS)呼吸气。

治疗气在发生事故后治疗减压病或预防减压病时作为呼吸面罩(BIBS)的呼吸气体。根据居住深度不同,配置和准备不同氧浓度的治疗气。

水面应急潜水氦氧混合气是指用于水面应急潜水的潜水员的呼吸气体。水面应急潜水允许的最大潜水深度按采用的减压表的规定确定。

二、饱和潜水气体配置数量估算

气体配置数量估算是指分项计算饱和潜水所需要的各种气体量,各种气体量应为有效供给量。

(1)舱室加压气

用于饱和潜水第一阶段加压的气体量很小,通常采用氧浓度合适的治疗气,不单独计算。

第二阶段加压气通常采用氧浓度为 2% 的氦氧混合气(2/98 氦氧混合气),该气体还用于舱室失压时的应急加压和舱室环境气体发生污染时的应急通风。气体量习惯上按照将饱和潜水系统(DDC、SDC、HRC)从水面加压到最大居住深度所需要的数量计算。

(2)舱室操作气

舱室操作气用于递物筒、厕所排污、舱室隔离等的操作及舱室正常泄漏消耗。在居住深度采用 2/98 氦氧混合气或海底混合气,在减压各深度阶段采用 2/98 氦氧混合气或氧分压合适的海底混合气、治疗气。

海底混合气数量很大,而治疗气仅在减压阶段才作为舱室操作气,时间很短,所需数量较少,因此在气体配置时,可忽略海底混合气和治疗气作为舱室操作气所需要的数量,舱室操作气仅按照氧浓度 2% 的氦氧混合气配置。具体根据每天的操作次数、容积等进行估算。

(3)氧气

氧气用于 DDC 内潜水员呼吸消耗、减压前提高舱室的氧分压、在减压过程中维持舱室氧分压以及作为治疗气。因此,在气体配置时需要分项计算所需要的氧气量。

(4)海底混合气

海底混合气用于巡回潜水时潜水员呼吸气体、将 SDC 从居住深度加压到工作深度、加压 SDC 与 DDC 的连接通道以及 SDC 和 HRC 应急气瓶的充气。因此,在气体配置时要分项计算所需要的海底混合气。

(5)舱室应急呼吸气

在居住深度采用海底混合气,在加压和减压各深度阶段采用氧分压合适的海底混合气或治疗气。各种舱室应急呼吸气量应满足舱内所有饱和潜水员在最大使用深度呼吸 240 min,耗气量按 20 L/min 计。

(6)治疗气

治疗气量应满足舱内所有潜水员在最大使用深度呼吸 240 min,耗气量

按 15 L/min 计。

（7）水面应急潜水氦氧混合气

水面应急潜水氦氧混合气量应满足潜水作业 120 min 的需要。

三、饱和潜水气体最低储备量

饱和潜水气体最低储备量是指饱和潜水所需要的各种气体在现场的最低储备量，即使采用气体回收，最低储备量还是必需的。任何一种必须储备的气体，一旦达到最低储备量，必须停止潜水，并开始最终减压。

对于某种储备气体（如舱室应急加压气），如果有几种气体都适用，这几种气体的数量可合并计算（对于舱室应急加压气、2/98 混合气和海底混合气量可合并计算）。

计算各种气体最低储备量时，应为有效供给量，即扣除使用深度的水深压力和供气余压。

第四节 ◎ 饱和潜水程序

为保证潜水作业任务的顺利完成，除认真做好前期各项准备工作外，必须根据具体作业任务要求制定合理的加减压方案，严格按照预定程序、减压表进行加减压，密切注意整个过程中潜水人员各项生理指标，潜水设备、潜水气体各项技术指标的变化，并根据变化情况及时进行调整。

一、加压前的准备与检查

饱和潜水加压前的准备工作由潜水监督和生命支持监督负责。加压前的准备工作包括对饱和舱室进行清洁与消毒，按照潜水作业检查表对所有舱室、饱和潜水系统设备和辅助设备进行检查和试验，检查气体及各类消耗品，保证数量满足作业和最低储备量的要求。此外，还包括进入饱和舱室的物品检查，潜水员身体情况及携带物品的检查，相关文件、人员、各类记录表格的准备与检查。表 7-1 为饱和潜水加压前综合检查表的一部分。

二、制定加压方案

饱和潜水加压方案通常包括加压阶段氧分压的配置、各阶段的加压深度、加压速度和加压停留以及加压过程中舱室应急呼吸气的配置。加压方案应由潜水监督或生命支持监督负责制定。

1.加压阶段氧分压的配置

饱和潜水加压通常分为两个阶段。第一阶段采用富氧混合气加压，通常采用氧浓度为 20% 的氦氧混合气，也可采用氧浓度超过 16% 的氦氧混合气。第一阶段采用富氧混合气加压是为了防止加压初期发生舱室泄漏而导致潜水员缺氧。第二阶段采用贫氧混合气加压，通常采用氧浓度为 2% 的氦氧混合气加压。这样在到达居住深度时舱室的氧分压则由舱室在水面常压环境中的氧分压（0.021 MPa）、采用富氧混合气加压形成的氧分压和采用贫氧混合气加压形成的氧分压三部分构成。

表 7-1 饱和潜水加压前综合检查表

工程名称：

检查日期： 年 月 日

甲板居住舱控制室检查		
甲板居住舱控制室文件检查		
序号	检查项目及要求	检查结果
1	饱和潜水作业程序	
2	饱和潜水应急程序	
3	饱和潜水加压前综合检查表	
4	饱和潜水加压前甲板居住舱检查表	
5	管路连接方案	
…	…	
甲板居住舱控制室的设备检查		
序号	检查项目及要求	检查结果
1	医疗急救箱(药品和设备完整,在有效期内)	
2	灭火机(已充满,在有效期内)	
3	应急呼吸面罩(气瓶充满、功能良好)	
4	电力供给(具有主电源和应急电源,并能转换)	
5	通信系统(与 DDC,HRC,以及相关地方的通信良好)	
…	…	
…		
潜水员进舱前身体检查		
序号	检查项目及要求	检查结果
1	潜水员已得到合理的休息	
2	潜水员已洗澡和更换清洁的衣服	
3	潜水员持有效的体检证书和记录簿	
4	潜水员无感冒和感染	
5	潜水员没有正在进行的治疗	
…	…	
潜水员进舱前违禁品检查		
序号	违禁品清单	检查结果
1	火柴和打火机	
2	香烟	
3	剃须水、喷雾剂、香水	
4	油脂类护肤品	
5	爆炸物	
…	…	

生命支持员(签名)：

潜水监督(签名)：

生命支持监督(签名)：

2.各阶段的加压深度

第一阶段加压采用的富氧混合气及其加压深度可按照公司的规定确定。富氧混合气加压深度也可以通过氧分压配置和计算来确定。减压深度越深,富氧混合气的加压深度应越小,但为了有利于舱室密封,第一阶段加压深度不要小于 1.5 m。

第二阶段加压深度等于居住深度与第一阶段加压深度的差值。

3.加压速度和加压停留

(1)加压速度

饱和潜水加压速度和加压停留通常按照潜水作业单位采用的程序规定执行。下列加压速度可供参考:

采用富氧混合气将舱室加压至第一阶段加压预定深度,加压速度不超过 1 m/min。

到达第一阶段加压预定深度后,应停留一段时间检查舱室是否存在泄漏、呼吸面罩(BIBS)供气是否正常,这通常需要几分钟。如果高压逃生舱与 DDC 一起加压,也应同时检查高压逃生舱以及高压逃生舱与 DDC 的连接通道是否存在泄漏。

如果停留检查发现舱室存在泄漏,应立即将舱室减压至水面常压,减压速度不超过 10 m/min。

如果第一阶段加压后检查正常,方可进行第二阶段加压,即采用贫氧混合气将舱室加压至居住深度。

第二阶段加压速度与加压到达的居住深度相关。通常居住深度越深,加压速度越慢。另外,第二阶段加压在不同深度加压速度也不相同,深度越深,加压速度越慢。

(2)加压停留

加压到达居住深度后,潜水员应有一段休息时间,以消除潜水员的加压性疲劳,随后方可开始巡回潜水。对居住深度较深的加压,更应如此。

4.加压过程中舱室应急呼吸气的配置

加压过程中,DDC 应始终连接应急呼吸气,在加压各深度阶段,比较理想的氧分压为 0.04~0.10 MPa。

三、居住深度停留

居住深度停留是指从加压到达居住深度后一直到饱和潜水最终减压前的这个阶段。整个饱和潜水过程,居住深度停留阶段占据了绝大部分时间,潜水员在居住深度停留阶段进行巡回潜水,完成饱和潜水作业。

1.居住深度停留阶段舱室环境参数要求

(1)深度

设定居住深度:±0.5 m。

(2)气体分压

氧分压:(400±20)kPa,二氧化碳分压要小于 600 Pa,氮分压要小于 0.1 MPa。

(3)温度

在氦氧环境中,潜水员不仅由于氦气的热传导性大大高于空气而散失更多热量,而且对温度变化更为敏感。氦氧饱和潜水不同居住深度的舱室温度范围见表7-2。

表 7-2　氦氧饱和潜水不同居住深度的舱室温度范围

居住深度/m	温度/℃	居住深度/m	温度/℃
0~50	22~27	150~200	28~31
50~100	25~29	200~250	29~31
100~150	27~30	250~300	30~32

（4）相对湿度

居住深度浅于 180 m:40%~60%;居住深度深于 180 m:40%~50%。

2.舱室控制和管理

在饱和潜水居住深度停留阶段,DDC 应保持与舱室应急加压气、应急呼吸气、氧气的连接,并准备好治疗气。同时严格执行舱室管理规定,维持舱室环境参数,定期定时记录所有与舱室和舱内潜水员有关的事项。定期校正气体分析仪,每 12 h 记录气体储存情况。当气体储备量接近规定的最低储备量时,应及时报告潜水监督。管理和照料潜水员生活,保持舱室卫生,定期消毒、清洁和更换衣物、卫生用品等。

在饱和潜水过程中,如果需要改变工作深度,并超过了目前居住深度允许的巡潜深度范围,则需要改变居住深度。注意降低居住深度需满足居住深度平衡周期的要求,加大居住深度则无此要求,可以立即进行巡回潜水。但如果加压幅度很大,为消除潜水员加压性疲劳,在加压到达新的居住深度后,应休息一定的时间再开始巡回潜水。

四、巡回潜水

巡回潜水是指潜水员离开 SDC 进入舱外水体为完成本次潜水任务而进行的一系列潜水活动。可以把巡回潜水当作以居住深度为"常压"出发起始地点的一个常规潜水过程,所不同的是巡回潜水不仅可以下潜,还可以上浮,因此在潜水方案的制定及加减压程序上都有其特殊性。

1.制定巡回潜水方案

巡回潜水的一些基本概念:

巡回潜水距离:巡回潜水允许到达的深度与出发进行巡回潜水时的居住深度之间的距离。巡回潜水距离与所处的居住深度有关。巡回潜水表规定了各居住深度对应的巡回潜水允许的范围,单位是 m。

向上巡回潜水:巡回潜水到达深度浅于(小于)出发进行巡回潜水时的居住深度。

向下巡回潜水:巡回潜水到达深度深于(大于)出发进行巡回潜水时的居住深度。

标准(范围内)巡回潜水:巡回潜水距离在巡回潜水表规定的标准巡回潜水距离范围内,简称标准巡回潜水。

最大(范围内)巡回潜水:巡回潜水距离超过巡回潜水表规定的标准巡回潜水距离范围,但在巡回潜水表规定的最大巡回潜水距离范围内,简称最大巡回潜水。

将向上巡回潜水和向下巡回潜水的划分方式与标准巡回潜水和最大巡回潜水的划分方式结合,就可以分为 4 种类型的巡回潜水:标准向下巡回潜水、最大向下巡回潜水、标准向上巡回潜水和最大向上巡回潜水。

在同一次巡回潜水中,同一名潜水员进行不同类型的巡回潜水,称为组合巡回潜水。

巡回潜水表规定了允许的巡回潜水组合方式,并根据饱和潜水居住深度来确定巡回潜水允许的范围和类型,随居住深度的增加,允许的巡回潜水范围也增加。

此外,巡回潜水表还规定了同一名潜水员两次巡回潜水之间在居住深度停留间隔的时间,称为巡回潜水之间的平衡周期。

2.制定巡回潜水方案的指导性原则

(1)尽可能采用标准巡回潜水,不采用最大巡回潜水;

(2)尽可能采用向下巡回潜水,不采用向上巡回潜水;

(3)采用组合巡回潜水时,尽可能先进行向上巡回潜水,后进行向下巡回潜水;

(4)只能采用巡回潜水表允许的巡回潜水组合方式;

(5)巡回潜水距离(深度)必须在巡回潜水表规定的范围内;

(6)尽可能采用不需要平衡周期的巡回潜水类型。

3.巡回潜水方案的内容

巡回潜水方案应包括:巡回潜水员的姓名,巡回潜水出发时的居住深度,巡回潜水返回时的居住深度,巡回潜水前潜水员在居住深度平衡周期时间和起止时间,计划的巡回潜水工作深度范围,巡回潜水允许的深度范围,采用的巡回潜水组合方式等。此外,还包括潜水钟预定潜放深度,潜水员的工作深度范围。

五、巡回潜水前的准备和检查

潜水监督对巡回潜水前的准备和检查负责,检查内容包括以下方面:各方均需明确各自的职责与要求,针对任务要求做好风险评估和准备应急方案,已准备好潜水气体、工具、相关的支持设备,人员已做好准备并到位。

按照巡回潜水前检查表对所有的潜水设备和辅助设备进行检查和试验。将完成检查后的检查表作为潜水记录的一个部分予以保存。

现场检查应按照采用的饱和潜水系统和设备专用的检查表进行。表 7-3 巡回潜水前 SDC 检查表只是指导性的,仅供制定饱和潜水系统和设备专用的检查表时参考。

六、巡回潜水程序

1.SDC 与 DDC 分离

进行巡回潜水的潜水员进入 SDC 后,关闭 SDC 至连接通道的底门(或内侧门),DDC 内潜水员应关闭过渡舱顶门或端门,并返回生活舱,然后关闭生活舱通向过渡舱的侧门。潜水监督与钟内潜水员按照潜水钟检查表完成内部检查。确认无误后,对 SDC 加压密封并将连接通道减压至水面常压,然后打开连接通道锁紧装置,完成 SDC 与 DDC 分离。

2.潜放 SDC 至预定深度

关闭 SDC 外底门和外侧门(如果是侧接式),开始潜放 SDC 至预定深度。

表 7-3　巡回潜水前 SDC 检查表

工程名称：

巡回潜水序号：

检查日期：

潜水钟外部检查		
潜水钟外部设备检查		
序号	检查项目及要求	检查结果
1	潜水钟携带气瓶(SDC 应急气瓶、钟人呼吸气瓶、氧气瓶的气体成分正确并具有标记,气体压力满足相应气体最低储备量规定)	
2	外照明(所有灯功能良好)	
3	视频监控(SDC 控制室对 SDC 的视频监控功能良好)	
4	观察窗(无遮蔽和损坏)	
5	SDC 压重(固定与连接良好)	
…	…	
潜水钟外部阀门检查(内容略)		
潜水钟内部检查(内容略)		
潜水钟内部阀门检查表		
序号	检查项目及要求	检查结果
1	弯曲管排气阀(关闭)	
2	备用(应急)排气阀(打开)	
3	脐带加压阀(打开)	
4	备用(应急)加压阀(打开)	
5	热水进口阀(打开)	
…	…	

检查人员：　　　　(签名)

潜水监督：　　　　(签名)

3.巡回潜水

SDC 潜放至预定深度后,打开 SDC 内底门和外底门。其间潜水员完成出潜准备,钟人完成对钟人潜水装具的检查。潜水员出潜,潜水监督对潜水员测深,检查巡潜是否保持在规定深度范围内。在巡回潜水过程中,潜水员应向潜水监督报告环境情况和工作进度。钟人应配合潜水员收放脐带,观察潜水员呼吸气压力、钟人呼吸气压力、潜水钟应急气压力,接收潜水监督指令,做好出潜救援准备。完成潜水作业,潜水员返回 SDC。

4.提升 SDC 回水面

降低 SDC 内水位,关闭 SDC 内底门和外底门后对 SDC 加压密封。用绞车提升 SDC 回水面,出水前关闭 SDC 外照明设备。将 SDC 提上甲板并锁定。打开 SDC 外底门或外侧门(如果是侧接式)。

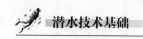

5.SDC 与 DDC 对接

SDC 与 DDC 对接,并锁紧连接通道锁紧装置。关闭 DDC 生活舱通往过渡舱的侧门,DDC 内潜水员在生活舱内待命,然后将连接通道加压至居住深度。

打开 DDC 生活舱通往过渡舱的侧门,生活舱内潜水员进入过渡舱,打开 DDC 顶门或端门,然后打开 SDC 内底门或内侧门,SDC 内潜水员进入 DDC,关闭 DDC 顶门或端门。

七、饱和潜水最终减压

饱和潜水最终减压是指将饱和潜水员从居住深度减压至水面常压的过程。

1.最终减压前的准备

最终减压开始前,潜水员必须完成最后一次巡回潜水后在居住深度的平衡周期。平衡周期取决于最后一次巡回潜水的类型,以及采用的饱和潜水减压表的规定。

最终减压开始前应制定好最终减压方案。最终减压方案通常以表格的形式表示,包括最终减压各深度阶段(每米为 1 个深度阶段)到达的时间、减压速度、减压方式、DDC 氧分压,以及氧浓度、二氧化碳分压或浓度、温度和湿度,并规定了在最终减压各深度阶段 DDC 连接的应急加压气和应急呼吸气、采用的治疗气等。

2.提高 DDC 的氧分压,连接好 DDC 应急气体

最终减压(包括中间减压)过程中 DDC 的氧分压由采用的饱和潜水减压表规定。最终减压开始前,应将 DDC 氧分压提高到采用的减压表规定的水平。

在最终减压过程中,DDC 必须始终与应急加压气和应急呼吸气保持连接,同时准备好需要的治疗气。

3.准备操作文件、人员到位

在最终减压开始前,应准备好最终减压阶段需要的相关文件,包括:最终减压方案(记录表)、DDC 控制室值班记录簿、舱室环境参数记录表、气体储存记录表、饱和潜水减压表、减压病治疗表、饱和潜水作业程序和应急程序。

最终减压开始前,潜水监督、生命支持监督、生命支持员应到达 DDC 控制室。

4.询问潜水员情况

最终减压开始前,潜水监督和生命支持监督应询问潜水员身体情况,确认潜水员适宜进行减压。

八、最终减压程序

在完成最终减压准备后,潜水监督确认开始最终减压。

1.减压方式

饱和潜水减压通常采用持续(线性)减压方式或阶段减压方式。具体按照采用的减压表规定执行。采用连续(线性)减压方式,即按照采用的减压表在各深度阶段规定的减压速度,进行不间断的连续减压。而采用阶段减压方式,即每 0.5 m 或 1 m 停留一次,停留时间按照采用的减压表在减压各深度阶段的规定确定。停留时间的最后 1 min 用于移行到下一个停留站(DDC 深度减少 0.5 m 或 1 m)。

如果某种原因造成减压进度落后于原减压计划(方案),不能采用加快减压速度来实现原计划,应仍按规定速度进行减压。如果减压进度快于原减压计划,则应该停止减压,直至回到原计划进度再开始减压。

2.减压速度

饱和潜水最终减压的减压速度按照采用的减压表的规定执行。通常饱和潜水减压表在减压的各深度阶段规定的减压速度不同,深度越浅,减压速度越慢。有的减压表还设定了每天停止减压的时间。

在最终减压过程中,如果潜水员出现减压病症状,要立即停止减压,按应急预案和减压病治疗表的规定进行治疗。30 m以浅是减压病易发区。

3.减压阶段舱室环境参数

在最终减压(包括中间减压)过程中,舱室环境参数按照采用的减压表的规定确定。在减压到达15 m深度以前,要将DDC内易燃物品(书、报纸等)取出。

九、最终减压后的有关规定

(1)最终减压至水面常压,潜水员方可出舱。

(2)完成最终减压后,必须对舱室气体进行分析,并确认没有缺氧危险后,才允许潜水员进入DDC或SDC。

(3)减压结束后,潜水员必须留在能迅速到达饱和潜水系统的地方观察至少24 h。如果因工程需要等,无法满足在本饱和潜水系统舱旁观察24 h,那么潜水员至少在本系统舱旁观察12 h,随后转移到其他具有再加压治疗的地方继续完成舱旁观察。

(4)潜水员在最终减压出舱24 h后可乘坐直升机,飞行高度不超过600 m。48 h后方可乘坐普通飞机。

(5)潜水员完成饱和潜水最终减压48 h后,才能进行常规潜水。进行下一次饱和潜水前的水面间隔时间应不少于其上次饱和潜水的高压暴露时间。

(6)潜水员出舱后12 h内不能进行剧烈的运动,24 h内不准洗桑拿,洗澡应使用温水。

(7)饱和潜水最终减压后,按规定进行必要的清理、设备检查和维修。然后关闭饱和潜水系统舱室,定期通风。其间应由专人管理,应按照维护保养计划对各项设备进行维护和检查并做好记录。

第八章
潜水疾病的预防与处理

高气压和水下环境会对潜水员造成特殊的生理影响,甚至导致潜水疾病。潜水医学就是研究各类潜水疾病的发病原因、预防措施、诊断和治疗方法,这对潜水作业的安全和潜水员的健康是至关重要的。

本章主要介绍潜水作业时遇到的常见潜水疾病,特别是减压病的预防、诊断和治疗。

第一节 ◉ 氮麻醉

一、氮麻醉的表现

当潜水员在水下呼吸高压潜水气体时,高氮分压会对人体产生麻醉作用而呈现出一种主要表现在神经系统方面的功能性病理状态,类似醉酒状态,称为氮麻醉。实践表明,当潜水员呼吸气体中氮分压超过 0.32 MPa 时,就可能发生氮麻醉。

氮麻醉表现为:情绪上的兴奋和欣快,也有惊慌和恐惧;智力减退、思维慢、错误多;意识模糊;协调障碍。

二、氮麻醉的预防和治疗

离开高氮分压环境后,氮麻醉症状很快就会消失。但在潜水过程中发生氮麻醉将严重影响潜水作业的效果,还威胁潜水员的人身安全,因此我国将空气潜水限制在 57 m以浅。

预防潜水员发生氮麻醉的措施是控制呼吸气体的氮分压。氮麻醉的治疗措施是让潜水员尽快离开高氮分压环境。

第二节 ◉ 氧中毒

高氧分压会导致氧中毒。氧中毒是人体吸入氧分压超过 0.06 MPa 的气体一定时间后,人体某些器官的结构与功能发生病理性变化而表现出的病症。根据发生原因和出现的症状,氧中毒又分为肺型氧中毒和惊厥型氧中毒两种。

一、肺型氧中毒

1.肺型氧中毒的表现

肺型氧中毒,又称为慢性氧中毒,主要表现为胸骨后不适或有烧灼感,深吸气时疼痛,也有干咳和呼吸困难。最灵敏的指标是肺活量减少。另外,在肺部可听到湿啰音,X线检查可发现肺纹增粗。

2.肺型氧中毒的预防和治疗

预防潜水员发生肺型氧中毒的措施是控制呼吸气体的氧分压和呼吸时间。另外,可采用抗生素预防肺部感染。肺型氧中毒的治疗措施是让潜水员迅速脱离高分压氧环境,如让潜水员停止呼吸富氧混合气,利用通风等措施降低舱内环境气体的氧分压。肺型氧中毒者离开高分压氧环境后,能自行恢复。

二、惊厥型氧中毒

1.惊厥型氧中毒的表现

呼吸气体氧分压超过 0.16 MPa,特别是超过 0.28 MPa 时,就会发生惊厥型氧中毒。

惊厥型氧中毒的前期会出现口唇或面部肌肉颤动,继后可出现恶心、出汗、眩晕、流口水、角弓反张,也可出现视觉异常和精神类症状、极度疲劳和呼吸困难。惊厥型氧中毒惊厥期出现癫痫发作样,全身强直,阵发痉挛,痉挛后会进入昏迷期。

2.惊厥型氧中毒的预防和治疗

预防潜水员发生惊厥型氧中毒的措施是控制呼吸气体的氧分压。惊厥型氧中毒的治疗措施是让潜水员立即停止呼吸高氧分压气体,并采用镇静药,防止其受伤。

第三节 ◉ 缺氧

大脑是人体最为重要的器官之一,脑重虽然仅占体重的 2%,但脑部耗氧量占机体总耗氧量的 23%,因此脑细胞对缺氧最为敏感。当呼吸气体中氧浓度为 12%~15% 时,人会出现呼吸急促、头痛、眩晕等症状;当氧浓度为 10%~12% 时,人会恶心呕吐、无法行动甚至瘫痪;当氧浓度低于 6% 时,人会在 6~8 min 内死亡;当氧浓度为 2%~3% 时,人会在 45 s 内死亡。

一、缺氧的原因

人体的呼吸系统将外界的氧气吸入肺泡,由肺泡扩散至血液中与血红蛋白结合,再经循环系统输送至全身各个部位,最后被组织细胞摄取利用。这一过程中的任何一个环节出现障碍都会引起缺氧。

潜水过程中可能导致氧分压过低的原因有很多,如设备故障、操作失误、供气不足以及生理或心理出现问题等。

对于潜水员而言,出现最多的情况是吸入气体氧分压过低或供氧中断。虽然吸入一氧化碳过量中毒也会导致组织性缺氧,但在实际的潜水实践中,发生的概率非常低。

二、缺氧的表现

发生缺氧后,机体通过加快血液循环来加以代偿,导致心率加快,血压上升,呼吸也会轻度加快,口唇、甲床、皮肤出现广泛的青紫。不过这种症状并非缺氧时唯一的表现,因此容易被潜水员甚至水面工作人员所忽视。

急性缺氧会引起头痛、情绪冲动,注意力、判断力、思维能力下降以及运动不协调等。慢性缺氧则导致嗜睡、易疲劳、注意力不够集中以及精神抑郁等症状。严重缺氧则会导致昏迷、惊厥甚至死亡。缺氧开始前没有明显的征兆,因此无法预料的缺氧往往更危险。在许多情况下潜水员往往不能意识到缺氧的发生,因为缓慢缺氧会导致意识模糊、判断力下降,从而让潜水员不能察觉意识的慢慢丧失。

三、缺氧的预防和治疗

潜水员在水下发生缺氧的后果十分严重,因此潜水员呼吸气体的氧分压绝对不能太低。通常,进行氦氧混合气常规潜水时呼吸气体(海底混合气)的氧分压不低于 0.12 MPa,饱和潜水巡回潜水时呼吸气体(海底混合气)的氧分压不能低于 0.05 MPa。为避免潜水员因呼吸气体中断而导致缺氧,必须有独立的双气源向潜水员供气。

进行氦氧混合气常规潜水时,为了避免潜水员在水面和浅深度因呼吸低氧浓度呼吸气体(海底混合气)而导致缺氧,在程序上规定了潜水员在水面和浅深度呼吸空气到达一定深度(通常是 20 m)后再转换呼吸海底混合气。为避免错用纯氦作为潜水员的呼吸气体,目前已规定禁止将纯氦带到潜水现场。

第四节 ◎ 二氧化碳中毒

一、二氧化碳中毒的表现

人体代谢会产生二氧化碳,空气内的二氧化碳浓度约为 300ppm。与正常人一样,潜水员在舱内或潜水钟内产生二氧化碳的量通常为 0.5 L/min,与深度无关。

当呼吸气体中二氧化碳分压过高,超过 3 kPa 时,就会导致二氧化碳中毒,出现所谓的高碳酸血症。因此,必须严格控制潜水员呼吸气体中的二氧化碳分压。饱和潜水舱室和潜水钟内二氧化碳分压的极限值通常规定为 0.5~1 kPa。

二氧化碳中毒前期人会出现呼吸加深加快、头痛、出冷汗、动作不协调,继后出现思维能力下降、肌肉无力、恶心、呕吐、昏迷、呼吸和心跳停止、死亡。

二、二氧化碳中毒的预防和治疗

预防二氧化碳中毒主要是防止潜水员呼吸气体的二氧化碳分压过高,如防止潜水员供气中断、使用二氧化碳浓度过高的呼吸气体。如果因饱和潜水舱室和潜水钟内二氧化碳吸收装置故障导致二氧化碳分压过高,要立即对舱室进行通风,降低舱内二氧化碳的浓度。

二氧化碳中毒的治疗措施是让潜水员立即呼吸二氧化碳分压低的新鲜气体,如情况严重,则立即进行抢救,采用强心药物、人工呼吸等促进心肺复苏。

第五节 ◎ 低温症

一、低温症的表现

人体散热过多,不能保持热平衡就会出现体温下降。低温症的症状可参见表2-1。

二、低温症的预防和治疗

预防潜水员发生低温症的措施是保暖,如采用保暖的潜水服,避免因长时间暴露在冷水中导致体温下降。对氦氧混合气潜水,还要防止因呼吸散热导致体温下降;对深度大于150 m的氦氧混合气潜水,必须采取对潜水员的呼吸气体进行加热的措施。

低温症的治疗措施是让潜水员立即脱离低温环境,采取保暖、按摩的措施。情况严重时应进行抢救,让潜水员服用强心药物和呼吸兴奋药物,进行心肺复苏。

第六节 ◎ 肺气压伤

一、肺气压伤的表现

肺内气压明显高于环境压力时会造成肺组织和血管损伤,导致气体进入血管和人体组织,称为肺气压伤。

潜水员发生肺气压伤的常见原因是上升(减压)过程中屏气,或上升速度过快导致肺内膨胀的气体来不及经呼吸道排出,造成肺内压力明显高于环境压力。

肺气压伤发病较急,通常在出舱后10 min内,甚至在减压过程中发病。肺气压伤的主要症状为肺出血(口鼻流泡沫状血和咯血)、胸痛、呼吸浅而快、咳嗽、昏迷、口唇发绀、脉搏浅快、气胸、皮下气肿等。

二、肺气压伤的预防和治疗

预防潜水员出现肺气压伤的措施是禁止潜水员在上升和减压过程中屏气,避免上升和减压速度过快,上升速度应控制在7~10 m/min。

肺气压伤的治疗措施主要是再加压治疗,辅助以对症治疗。如潜水员呼吸停止,应立即进行人工呼吸。

第七节 ◎ 挤压伤

一、挤压伤的表现

潜水时,特别是采用重装潜水时,如潜水装具的含气空间内的压力明显低于环境压力,就会导致潜水员出现挤压伤。

全身挤压伤的主要表现为头、颈和上胸部充血、出血,皮肤呈紫红色,皮下组织肿胀。严重者会出现昏迷,头、颈部严重肿胀、充血、出血,耳、鼻、眼、口出血,甚至发生颅内出血、胸骨和肋骨骨折、死亡。

二、挤压伤的预防和治疗

预防潜水员发生全身挤压伤的主要措施是保证潜水员供气压力和流量,避免下潜速度过快,潜水过程中防止跌落。

全身挤压伤的治疗措施是迅速将潜水员抢救出水,若有发生减压病的可能,应进行再加压治疗。对症治疗措施为脱水消肿、吸氧、使用抗生素防感染等。对呼吸停止、昏迷的重症患者应采取相应的急救措施。

第八节 ◎ 加压性关节痛

一、加压性关节痛的表现

在深度超过 50 m,加压速度较快的情况下,可能会导致潜水员出现加压性关节痛。

加压性关节痛表现为:(大多数)关节轻度疼痛(极少数疼痛较重),关节僵硬等关节内异常感觉,关节内发出"咔嗒"响声(特别是用力和快速运动时)。加压性关节痛发生最多的部位是肩关节,较少发生在膝、髋、肘等关节。加压深度大、加压速度快会提高加压性关节痛的发生率和加重症状。大多数加压性关节痛在到达加压深度 5~10 h 时症状会消除,少数在 24 h 后消除。

目前,对加压性关节痛的发病机制尚不清楚。

二、加压性关节痛的预防和治疗

预防潜水员出现加压性关节痛的主要措施是减慢加压速度,设立加压停留站。

一旦出现加压性关节痛应停止加压,使症状缓解和消失。随后采用更慢的加压速度和设立加压停留站。

第九节 ◎ 高压神经综合征

一、高压神经综合征的表现

在深度超过 100 m,加压速度较快的情况下,可能会导致潜水员出现高压神经综合征(HPNS)。

高压神经综合征表现为颤抖,尤以手抖最为明显,另外,也可能出现嗜睡、脑电波变化等症状。加压深度大、加压速度快都会加重症状。

目前对高压神经综合征的发病机制尚不清楚。

二、高压神经综合征的预防和治疗

预防潜水员出现高压神经综合征的主要措施是减慢加压速度,设立加压停留站。

一旦出现高压神经综合征应停止加压,使症状缓解和消失。随后采用更慢的加压速度和设立加压停留站。

第十节 ◎ 减压病

一、减压病的定义

减压病是最主要的潜水疾病。人体因所处的环境压力降低(即减压)速度过快和幅度过大(即减压不当),导致减压前已溶解在体内的中性气体超过了过饱和极限(即中性气体分压与环境压力的比值超过了过饱和安全系数),从溶解状态逸出,形成气泡而引起的症状和体征,称为减压病(DCS)。

潜水作业中出现减压病的常见原因是未按照减压表进行减压或因放漂等潜水事故导致减压速度过快、减压幅度过大。

二、减压病的表现和分类

1.减压病的表现

发病时间:绝大多数(90%以上)减压病发生在减压结束后。通常,减压不当的速度愈快、幅度愈大,症状出现得愈早,病情也愈严重。

从减压结束或出水到出现最初症状的间隔时间在 30 min 以内的占 50%,6 h 以内的占 99%,超过 24 h 的极为罕见。

皮肤:减压病早期常会出现皮肤瘙痒;瘙痒常发生在前臂、胸部、后肩、大腿及上腹部甚至全身,有时皮肤还会出现大理石斑纹。

关节、肌肉和骨骼:减压病常会出现关节、肌肉的疼痛,特别是关节疼痛;疼痛多发部位为肩、肘、膝、髋关节;疼痛的特点是从一点开始向四周扩散,由轻转重,弯曲、松弛患肢可稍缓解,局部无红肿、无压痛,一般止痛药不能缓解。

神经系统:重症减压病会出现神经系统症状和体征,如耳鸣、听力减退、眩晕、恶心、呕吐、视野缩小、视力减退,严重的会发生截瘫、昏迷和死亡。

呼吸系统:重症减压病会出现呼吸系统症状和体征,如胸部压迫感、胸骨后疼痛,深吸气时疼痛加重,有时还会出现气哽(吸气时发生梗阻)、休克。

循环系统:重症减压病会出现循环系统症状和体征,如皮肤黏膜发绀、低血容量休克和弥漫性血管内凝血,甚至突然死亡。

2.减压病的分类

减压病有多种分类,目前国际上趋向将减压病分为轻型减压病和重型减压病。

轻型减压病:仅出现皮肤、肌肉和关节症状和体征的减压病,又称Ⅰ型减压病。

重型减压病:出现神经系统、呼吸系统、循环系统症状和体征的减压病,又称Ⅱ型减压病。

三、减压病的诊断

减压病的诊断依据为:

(1)潜水或高气压作业史

必须具有潜水或高气压作业史。

(2)症状和发病时间

应具有一项或多项减压病症状和体征,而且最初的症状和体征通常出现在出水或出舱后36 h以内。

(3)再加压

减压病症状和体征通过再加压能缓解或消失。

四、减压病的治疗原则

减压病的具体治疗方案通常按照采用的减压病治疗手册的规定执行。在此仅介绍减压病的治疗原则。

1.放漂引起的减压病的治疗

放漂,特别是大深度放漂会导致潜水员发生重型减压病。潜水员放漂后即使未立即发生减压病也必须进行预防性治疗。放漂后的预防性治疗和治疗原则如下:

(1)发生放漂的潜水员应以最快的速度加压到发生放漂的深度。

(2)在加压到达的深度,按照采用的治疗表的规定时间进行停留,停留过程中通过呼吸面罩(BIBS)呼吸治疗气,并辅助药物治疗,大量饮水或果汁,加强循环。

(3)在加压深度停留阶段,观察潜水员是否出现减压病症状,条件允许的情况下对潜水员进行体检。

(4)如果在加压深度停留阶段潜水员未出现减压病症状,在停留完毕后,可按照采用的治疗表的规定进行减压。

(5)如果在加压深度停留阶段潜水员出现减压病症状,应按照采用的治疗表的规定进行治疗,必要时由潜水医生决定延长再加压深度的停留时间。停留结束后按照治疗表规定的速度进行减压。

2.减压过程中发生减压病的治疗

(1)在减压过程中出现轻型减压病症状的治疗原则如下：

立即停止减压,通过呼吸面罩(BIBS)呼吸治疗气,通常呼吸 15 min 左右。如果在发病深度停留和呼吸治疗气后,减压病症状得到缓解或消失,可按照采用的治疗表的规定继续减压。如果在发病深度停留和呼吸治疗气后,减压病症状未得到缓解,应对出现减压病的潜水员加压,加压的幅度按照采用的治疗表的规定确定。

在加压深度进行停留,并呼吸治疗气,辅助药物治疗。在加压深度的停留时间按照采用的治疗表的规定确定。如果在加压深度停留过程中减压病症状消失,则在停留完毕后,按照采用的治疗表的规定继续减压。如果在加压深度停留过程中减压病症状未缓解,应选择停留时间更长的治疗方案。在停留完毕后,按照采用的治疗表的规定继续减压。

(2)在减压过程中出现重型减压病症状的治疗原则如下：

立即停止减压,以最快的速度将出现减压病的潜水员加压到采用的治疗表规定的深度。在加压深度停留的时间按照采用的治疗表的规定确定。在加压深度停留阶段,通过呼吸面罩(BIBS)呼吸治疗气,并辅助相应的药物治疗。

如果在加压深度停留阶段减压病症状消失,停留完毕后,按照采用的治疗表的规定进行减压。

如果在加压深度停留阶段减压病症状未缓解,应按照潜水医生的指示选择停留时间更长的治疗方案。在停留完毕后,按照采用的治疗表的规定继续减压。

3.减压后出现减压病的治疗

(1)减压后出现轻型减压病的治疗原则如下：

立即对出现减压病的潜水员进行再加压治疗,加压的深度按照采用的治疗表的规定确定,通常不超过 18 m。在再加压深度停留,停留时间按照采用的治疗表的规定确定。

在再加压深度停留阶段,呼吸治疗气,18 m 及 18 m 以浅深度通常呼吸纯氧,并辅助药物治疗。

如果在再加压深度停留一定时间后(通常不超过 30 min)减压病症状缓解或消除,停留完毕后,按照采用的治疗表的规定进行减压。

如果在再加压深度停留一定时间后(通常不超过 30 min)减压病症状未缓解,应采用停留时间更长或加压深度更大的治疗方案。在完成新的减压方案规定的停留时间后,按照采用的治疗表的规定进行减压。

(2)减压后出现重型减压病的治疗原则如下：

立即对出现减压病的潜水员进行再加压治疗,加压的深度按照采用的治疗表的规定,通常为 30 m 或 50 m。在再加压深度停留,呼吸治疗气,并辅助药物治疗,停留时间按照采用的治疗表的规定确定。

如果在再加压深度停留一定时间后(通常不超过 30 min)减压病症状缓解或消除,停留完毕后,按照采用的治疗表的规定进行减压。

如果在再加压深度停留一定时间后(通常不超过 30 min)减压病症状未缓解,应采用停留时间更长的治疗方案。在完成新的减压方案规定的停留时间后,按照采用的治疗表的规定进行减压。

附　录

附录一 ◎ 中国国家标准空气潜水减压表

（使用说明略）

潜水深度（m）	水下工作时间（min）	上升到第一停留站的时间（min）	停留站深度（m）											减压总时间（min）	反复潜水检索符号
			36	33	30	27	24	21	18	15	12	9	6	3	停留时间（min）	
12	360	2												2	*
15	105	2												2	L
	145	2											10	13	M
	180	2											14	17	O
	240	2										3	15	22	Z
	300	2										10	16	30	*
18	45	3												3	H
	60	2											5	8	K
	80	2											14	17	L
	105	2										3	16	23	N
	145	2										8	20	32	Z
	180	2										8	26	38	Z
	240	2										5	18	23	51	*
21	35	3												3	G
	45	3											5	9	K
	60	2											17	21	L
	80	2										8	17	29	M
	105	2									7	11	21	44	O
	145	2									8	14	29	56	Z
	180	2								3	12	19	31	71	Z
	240	2								10	18	24	36	94	*

续表

潜水深度（m）	水下工作时间（min）	上升到第一停留站的时间（min）	停留站深度（m）／停留时间（min）												减压总时间（min）	反复潜水检索符号
			36	33	30	27	24	21	18	15	12	9	6	3		
24	25	3													3	F
	35	3												6	10	K
	45	3											6	20	31	K
	60	3											10	24	39	L
	80	2										7	10	25	47	N
	105	2										10	18	27	60	O
	145	2									9	12	23	34	84	Z
	180	2								4	13	18	28	39	109	*
	240	2								4	19	29	32	50	141	*
27	20	4													4	F
	25	3												2	6	J
	35	3												12	16	J
	45	3											12	22	39	L
	60	3										7	12	23	48	M
	80	3										9	20	24	59	N
	105	2								2	11	15	22	29	86	Z
	145	2								9	12	21	28	43	120	*
	180	2								12	16	25	33	51	144	*
30	15	4													4	E
	20	4												1	6	I
	25	4												4	9	I
	35	3											5	15	25	K
	45	3										2	13	23	44	L
	60	3									1	10	15	25	58	N
	80	2								2	10	14	22	28	83	O
	105	2								5	14	18	28	39	111	*
	145	2							10	13	15	25	36	52	159	*
	180	2							14	19	21	30	40	61	193	*
33	15	5													5	F
	20	4												3	8	H
	25	4												10	15	J
	35	3										5	10	16	37	L
	45	3										8	14	24	52	M
	60	3									12	14	17	26	76	N
	80	3								6	12	16	25	32	99	Z
	105	2							8	12	19	20	33	41	141	*
	145	2						9	13	15	20	30	42	65	203	*
	180	2						16	19	22	24	39	60	73	262	*

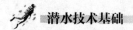
续表

潜水深度（m）	水下工作时间（min）	上升到第一停留站的时间（min）	停留站深度（m）												减压总时间（min）	反复潜水检索符号
			36	33	30	27	24	21	18	15	12	9	6	3（停留时间 min）		
36	10	5													5	D
	15	5												3	9	H
	20	5												4	10	I
	25	4										2	6	12	27	J
	35	4										10	12	17	46	L
	45	3									5	12	18	24	66	N
	60	3								4	14	16	18	30	90	O
	80	3							4	10	18	21	27	35	124	*
	105	3						7	11	14	19	24	37	47	169	*
	145	2					11	13	15	17	24	37	48	72	247	*
39	10	6													6	E
	15	5												6	12	F
	20	5												9	15	H
	25	4										6	10	14	37	J
	35	4									3	12	16	18	57	N
	45	4									6	16	20	27	77	O
	60	3							4	10	18	22	24	30	117	Z
	80	3						5	10	14	20	23	28	38	147	*
	105	2					6	10	14	18	21	31	47	57	214	*
	145	2				8	13	16	18	20	30	44	59	85	304	*
42	10	6													6	E
	15	6												9	16	G
	20	5											4	15	26	I
	25	5										9	14	16	47	J
	35	4									9	14	17	22	70	N
	45	4								4	10	19	22	27	91	O
	60	3						2	9	16	20	23	26	32	138	*
	80	3						12	14	17	22	25	32	42	174	*
	105	3						15	18	20	23	34	53	76	249	*
	145	2				12	14	18	19	26	39	49	75	105	368	*

续表

潜水深度（m）	水下工作时间（min）	上升到第一停留站的时间（min）	36	33	30	27	24	21	18	15	12	9	6	3	减压总时间（min）	反复潜水检索符号
									停留时间（min）							
45	10	6													6	C
	15	6												12	19	G
	20	6											6	16	30	H
	25	5									3	9	15	18	54	K
	35	5									11	16	20	23	79	N
	45	4								10	17	22	25	29	112	O
	60	3						11	13	17	20	24	30	37	162	*
	80	3					14	15	16	18	19	25	38	52	208	*
	105	3				12	14	16	18	21	28	39	61	79	300	*
	145	2			13	15	16	19	20	32	48	59	86	113	433	*
48	5	7													7	D
	10	6												2	9	F
	15	6											3	12	23	H
	20	6										4	7	17	37	J
	25	5									6	10	16	20	61	K
	35	5								6	15	18	22	29	100	N
	45	4						4	12	15	19	23	26	33	143	Z
	60	3				1	8	12	16	18	21	26	37	44	195	*
	80	3				11	13	16	19	21	23	38	49	66	268	*
	105	3			12	14	15	17	20	26	33	45	70	94	359	*
	145	3		12	14	16	17	19	22	40	56	72	90	136	508	*
51	5	7													7	D
	10	7												5	13	F
	15	6											9	14	31	H
	20	6									5	8	12	18	53	J
	25	6									10	13	18	21	72	L
	35	5								12	19	20	24	31	116	O
	45	4						10	13	14	22	27	30	39	166	*
	60	3				10	12	14	17	21	24	35	39	49	233	*
	80	3			12	14	15	18	21	24	29	49	57	77	329	*
	105	3		11	13	14	15	19	22	29	38	56	80	111	422	*

续表

潜水深度（m）	水下工作时间（min）	上升到第一停留站的时间（min）	36	33	30	27	24	21	18	15	12	9	6	3	减压总时间（min）	反复潜水检索符号
			停留站深度（m）／停留时间（min）													
54	5	8													8	D
	10	7												7	15	F
	15	7											10	17	36	I
	20	6									7	10	14	18	59	J
	25	6								4	11	13	19	22	80	L
	35	5							11	14	17	21	29	39	142	O
	45	4					8	12	17	19	22	31	37	47	205	*
	60	4			6	12	14	16	20	23	27	37	48	65	282	*
	80	3		12	13	16	17	20	24	29	35	58	64	84	386	*
	105	3	12	13	14	14	16	21	26	32	42	62	92	124	483	*
57	5	8													8	D
	10	7											1	10	20	G
	15	7										4	11	18	43	I
	20	6									10	12	16	19	67	K
	25	5								9	12	14	20	24	89	M
	35	5						8	13	15	18	24	34	43	167	O
	45	4				7	12	14	18	21	26	35	44	56	246	*
	60	4			12	14	16	18	21	27	32	45	55	72	326	*
	80	3		14	15	17	18	23	28	34	42	64	79	93	441	*
60	5	9													9	E
	10	8											3	11	24	I
	15	7										7	12	19	48	M
	20	6								4	10	13	15	20	73	N
	25	6							4	10	14	16	22	24	102	O
	35	5						12	15	16	19	28	40	52	194	*
	45	5				12	14	18	20	24	29	39	48	60	278	*
	60	4			12	14	16	18	20	24	29	36	49	69	80
	80	4	13	15	16	17	19	26	32	39	49	70	90	105	507	*

注：灰色底纹行提示此深度潜水有不可控风险，非紧急情况不建议使用。

反复潜水水面间隔时间表 （单位:min）

反复潜水检索符号	剩余氮时间检索符号															
	Z	O	N	M	L	K	J	I	H	G	F	E	D	C	B	A
Z	10 22	23 34	35 48	49 62	63 78	79 96	97 115	116 137	138 162	163 190	191 225	226 269	270 327	328 416	417 605	606 720
O		10 23	24 36	37 51	52 67	68 84	85 103	104 124	125 149	150 179	180 213	214 257	258 316	317 404	405 594	595 720
N			10 24	25 39	40 54	55 71	72 90	91 113	114 138	139 167	168 202	203 244	245 303	304 392	393 583	584 720
M				10 25	26 42	43 59	60 78	79 95	96 125	126 154	155 188	189 232	233 289	290 378	379 568	569 720
L					10 26	27 45	46 64	65 85	86 109	110 139	140 173	174 216	217 275	276 362	363 552	553 720
K						10 28	29 49	50 71	72 95	96 123	124 158	159 201	202 259	260 348	349 538	539 720
J							10 31	32 54	55 79	80 107	108 140	141 184	185 242	243 340	341 530	531 720
I								10 33	34 59	60 89	90 122	123 164	165 223	224 312	313 501	502 720
H									10 36	37 66	67 101	102 143	144 200	201 289	290 479	480 720
G										10 40	41 75	76 119	120 178	179 265	266 455	456 720
F											10 45	46 89	90 148	149 237	238 425	426 720
E												10 54	55 117	118 204	205 394	395 720
D													10 69	70 158	159 348	349 720
C														10 99	100 289	290 720
B															10 200	201 720
A																10 720

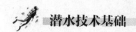

剩余氮时间表 （单位：min）

反复潜水深度(m)	剩余氮时间检索符号														
	Z	O	N	M	L	K	J	I	H	G	F	E	D	C	B	A
12	257	241	213	187	161	138	116	101	87	73	61	49	37	25	17	7
15	169	160	142	124	111	99	87	76	66	56	47	38	29	21	13	6
18	122	117	107	97	88	79	70	61	52	44	36	30	24	17	11	5
21	100	96	87	80	72	64	57	50	43	37	31	26	20	15	9	4
24	84	80	73	68	61	54	48	43	38	32	28	23	18	13	8	4
27	73	70	64	58	53	47	43	38	33	29	24	20	16	11	7	3
30	64	62	57	52	48	43	38	34	30	26	22	18	14	10	7	3
33	57	55	51	47	42	38	34	31	27	24	20	16	13	10	6	3
36	52	50	46	43	39	35	32	29	25	21	18	15	12	9	6	3
39	46	44	40	38	35	31	28	25	22	19	16	13	11	8	6	3
42	42	40	38	35	32	29	26	23	20	18	15	12	10	7	5	2
45	40	38	35	32	30	27	24	21	19	17	14	12	9	7	5	2
48	37	36	33	31	28	26	23	20	18	16	13	11	9	6	4	2
51	35	34	31	29	26	24	22	19	17	15	12	10	8	6	4	2
54	32	31	29	27	25	22	20	18	16	14	11	10	8	6	4	2
57	31	30	28	26	24	21	19	17	15	13	10	10	8	6	4	2

海拔与大气压换算表

海拔(m)	大气压(MPa)	海拔(m)	大气压(MPa)
400	0.096 6	3 000	0.070 1
600	0.094 2	3 500	0.065 8
800	0.092 1	4 000	0.061 6
1 000	0.089 9	4 500	0.057 7
1 500	0.084 6	5 000	0.054 0
2 000	0.079 5	5 500	0.050 5
2 500	0.074 7	6 000	0.047 2

附 录　　115

附录二 ● 水面减压潜水减压表（39~45 m）

（使用说明略）

（时间:min;深度:m;速率:m/min）

方案编号	潜水深度	水下工作时间	上升到第一停留站或水面 时间	速率	减压方法	各停留站的深度(m)及其停留时间(min)（各停留站减压移行时间均为1 min）—— 水中停留站 15	12	9	6	3	0	间隔时间	水面舱内停留站 12	9	6	3	减压总时间(hh:mm) hh	mm
61	39	10	6	6.5	水下 水面 水面吸氧													6
62		15	5	7.2	水下 水面 水面吸氧					6 ☆ ☆		 6 6				 6 (3)		12 18 15
63		20	5	7.2	水下 水面 水面吸氧					9 ☆ ☆		 6 6				 9 (5)		15 21 17
64		25	5	6.6	水下 水面 水面吸氧				6 ☆ ☆	23		 6 6			 6 (3)	23 (12)		36 42 28
65		35	4	7.5	水下 水面 水面吸氧			8 8 8	17	24		 6 6		 10 (5)	17 (9)	24 (12)	 1	47 05 33
66		45	4	7.5	水下 水面 水面吸氧			21 21 21	20	28		 6 6		 10 (5)	20 (10)	28 (14)	1 1 1	12 23 03
67		*60	4	6.8	水下 水面 水面吸氧		20 20 20	21 21 21	25	41		 6 6		 10 (5)	25 (13)	41 (21)	1 2 1	55 11 34
68		80	3	8	水下 水面 水面吸氧	10 10 10	20 20 20	23	33	51		 6 6	 10 (5)	23 (12)	33 (17)	51 (26)	2 2 1	25 41 44

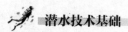

续表

方案编号	潜水深度	水下工作时间	上升到第一停留站或水面		减压方法	各停留站的深度(m)及其停留时间(min)（各停留站减压移行时间均为1 min）											减压总时间（hh:mm）	
						水中停留站						间隔时间	水面舱内停留站					
			时间	速率		15	12	9	6	3	0		12	9	6	3	hh	mm
69	42	10	6	7	水下													6
					水面													
					水面吸氧													
70		15	6	6.5	水下					9								16
					水面					☆		6				9		22
					水面吸氧					☆		6				(5)		18
71		20	5	7.8	水下					19								25
					水面					☆		6				19		31
					水面吸氧					☆		6				(10)		22
72		25	5	7.2	水下				16	23								46
					水面					☆		6			16	23		52
					水面吸氧					☆		6			(8)	(12)		33
73		35	5	6.6	水下			17	18	26							1	09
					水面			17				6		10	18	26	1	25
					水面吸氧			17				6		(5)	(9)	(13)		58
74		*45	5	6	水下		4	21	24	32							1	30
					水面		4	21				6		10	24	32	1	46
					水面吸氧		4	21				6		(5)	(12)	(16)	1	13
75		60	4	6.8	水下	7	23		29	48							2	16
					水面	7	20					6	10	23	29	48	2	32
					水面吸氧	7	20					6	(5)	(12)	(15)	(24)	1	38

续表

方案编号	潜水深度	水下工作时间	上升到第一停留站或水面 时间	上升到第一停留站或水面 速率	减压方法	各停留站的深度(m)及其停留时间(min)（各停留站减压移行时间均为1min） 水中停留站 15	12	9	6	3	0	间隔时间	水面舱内停留站 12	9	6	3	减压总时间(hh:mm) hh	mm
76		10	6	7.5	水下													6
					水面													
					水面吸氧													
77		15	6	7	水下				12									19	25
					水面				☆			6				12		25
					水面吸氧				☆			6				(6)		19
78		20	6	7	水下				22									29	35
					水面				☆			6				22		35
					水面吸氧				☆			6				(11)		24
79	45	25	5	7.2	水下			2	19	24							53	09
					水面			2				6		10	19	24	1	09
					水面吸氧			2				6		(5)	(10)	(12)		43
80		35	5	7.2	水下			19	30	30							1	18
					水面			19				6		10	21	30	1	34
					水面吸氧			19				6		(5)	(11)	(15)	1	04
81		*45	5	6.6	水下		17	22	38	38							1	51
					水面		17	22				6		10	25	38	2	07
					水面吸氧		17	22				6		(5)	(13)	(19)	1	31
82		60	5	6	水下	17	18	26	55	55							2	40
					水面	17	18					6	10	26	35	55	2	56
					水面吸氧	17	18					6	(5)	(13)	(18)	(28)	1	54

附录三 ◉ 中国救捞水面供气混合气潜水减压表(部分)

(使用说明略)

72 m He-O₂潜水减压表

水下工作时间	呼吸气体	停留时间(min)						
上升至第一停留站时间		15	25	30	40	50	80	110
		5	4	3	3	3	3	3
停留站(m)								
60								
57	82/18 He-O₂ (氧分压 0.148 MPa) 当量换算: 在该深度若使用 88/12 He-O₂ (氧分压 0.098 MPa) 则采用 81 m 方案 在该深度若使用 86/14 He-O₂ (氧分压 0.115 MPa) 则采用 81 m 方案 在该深度若使用 84/16 He-O₂ (氧分压 0.131 MPa) 则采用 78 m 方案							
54								
51								
48								
45								
42								
39								3
36						2	5	7
33				3	3	3	5	10
30			2	3	3	4	8	11
27		2	3	3	5	5	11	11
24		2	3	3	5	6	12	25
21		3	3	6	6	12	14	29
18		3	3	6	13	14	32	43
15		5	10	17	21	21	51	80
12	空气	—	—	—	—	20	30	50
	O₂	5	10	17	21	15	36	55
9	空气	—	—	—	—	20	30	50
	O₂	6	10	17	21	18	36	55
最低标准所需舱内吸氧减压时间	9 m 出水	40	65	90	115	155	205	315
	12 m 出水	40	75	105	135	195	270	420

75 m He-O₂ 潜水减压表

水下工作时间	呼吸气体	停留时间（min）						
		15	25	30	40	50	80	110
上升至第一停留站时间		5	5	4	4	4	4	4
停留站(m)								
60	82/18 He-O₂（氧分压 0.153 MPa）当量换算：在该深度若使用 88/12 He-O₂（氧分压 0.102 MPa）则采用 84 m 方案 在该深度若使用 86/14 He-O₂（氧分压 0.119 MPa）则采用 84 m 方案 在该深度若使用 84/16 He-O₂（氧分压 0.136 MPa）则采用 81 m 方案							
57								
54								
51								
48								
45								
42								
39							3	6
36				2	2	2	5	9
33				2	2	4	5	10
30		2	3	2	4	5	11	10
27		2	3	3	5	5	11	18
24		2	3	5	5	8	12	27
21		2	3	6	8	13	20	29
18		5	8	9	20	20	47	73
15		5	10	21	21	30	60	80
12	空气	—	—	—	—	20	30	50
	O₂	5	10	21	21	20	45	55
9	空气	—	—	—	—	20	30	50
	O₂	7	12	21	24	20	45	55
最低标准所需舱内吸氧减压时间	9 m 出水	40	70	90	115	160	225	315
	12 m 出水	45	80	110	140	200	300	420

水面氦氧混合气潜水当量换算表

深度	使用的混合气				
	90/10 He-O$_2$	88/12 He-O$_2$	86/14 He-O$_2$	84/16 He-O$_2$	82/18 He-O$_2$
54 m	66 m, 用82/18	66 m, 用82/18	63 m, 用80/20	63 m, 用80/20	60 m, 用80/20
57 m	69 m, 用82/18	69 m, 用82/18	66 m, 用82/18	66 m, 用82/18	63 m, 用80/20
60 m	72 m, 用82/18	69 m, 用82/18	69 m, 用82/18	69 m, 用82/18	66 m, 用82/18
63 m	75 m, 用82/18	72 m, 用82/18	72 m, 用82/18	69 m, 用82/18	69 m, 用82/18
66 m	78 m, 用82/18	75 m, 用82/18	75 m, 用82/18	72 m, 用82/18	
69 m	81 m, 用84/16	78 m, 用82/18	78 m, 用82/18	75 m, 用82/18	
72 m	84 m, 用84/16	81 m, 用84/16	81 m, 用84/16	78 m, 用82/18	
75 m	87 m, 用84/16	84 m, 用84/16	84 m, 用84/16	81 m, 用84/16	
78 m	90 m, 用84/16	87 m, 用84/16	84 m, 用84/16	84 m, 用84/16	
81 m	93 m, 用86/14	90 m, 用84/16	87 m, 用84/16		
84 m	96 m, 用86/14	93 m, 用86/14	90 m, 用84/16		
87 m	96 m, 用86/14	96 m, 用86/14	93 m, 用86/14		
90 m	99 m, 用86/14	96 m, 用86/14	96 m, 用86/14		
93 m	102 m, 用86/14	99 m, 用86/14			
96 m	105 m, 用88/12	102 m, 用86/14			
99 m	108 m, 用88/12	105 m, 用88/12			
102 m	108 m, 用88/12	108 m, 用88/12			
105 m	111 m, 用88/12				
108 m	114 m, 用88/12				
111 m	117 m, 用90/10				
114 m	120 m, 用90/10				

［1］ROBERT F MARX.Into The Deep：The Story of Man's Underwater Exploration［M］.New York：Van Nostrand Reinhold Company,1978.

［2］A J BACHRACH,B M DESIDERATI,M M MATZEN. The Undersea and Hyperbaric Medical Society,A Pictorial History of Diving［M］.Flagstaff,AZ：Best Publishing Company,1978.

［3］PHILLOPS J L.The Bends：compressed air in the history of science,diving,and engineering［M］. New Haven,CT：Yale University Press,1998.

［4］MICHEAL B STRAUSS.Diving Science［M］. Champaign,IL：Human Kinetics,2004.

［5］WALT HENDRICK, ANDREA ZAFERES. Public Safty Diving［M］.Tulsa：PennWell Corporation,2000.

［6］Guidance For Diving In Contaminated Waters：SS521-AJ-PRO-010［Z］.2th.2019.

［7］NOAA Diving Manual：diving for science and technology［M］.6th. Flagstaff, AZ：Best Publishing Company,2017.

［8］IMCA D024.Diving Equipment System Inspection Guidance Note DESIGN for Saturation (Bell) Diving System［Z］.2th. 2014.

［9］IMCA D022.Guidance for Diving Supervisors［Z］.1th. 2014.

［10］IMCA D014.IMCA International Code of Practice for Offshore Diving ［Z］.2th. 2019.

［11］IMCA D018.Code of Practice on the Initial and Periodic Examination,Testing and Certification of Diving Plant and Equipment［Z］.1th. 2014.

［12］Direction of commander,naval sea systems command.U.S. Navy Diving Manual：SS521-AG-PRO-010［Z］.7th. 2016.

［13］陈国强.病理生理学［M］.4 版. 北京：人民卫生出版社,2023.

［14］朱大年.生理学［M］.9 版. 北京：人民卫生出版社,2018.

［15］徐伟刚. 潜水医学［M］. 北京：科学出版社,2016.

［16］龚锦涵.潜水医学［M］. 北京：人民军医出版社,1985.

［17］中华人民共和国交通运输部.潜水打捞术语：JT/T 1452-2022［S］.

[18] 李晓虹.潜水气体[M].北京:海洋出版社,2007.

[19] 中华人民共和国国家质量监督检验检疫总局,中国国家标准化管理委员会.潜水呼吸气体及检测方法:GB 18435-2007[S].

[20] 中华人民共和国国家质量监督检验检疫总局,中国国家标准化管理委员会.医用及航空呼吸用氧:GB 8982-2009[S].

[21] 中华人民共和国国家质量监督检验检疫总局,中国国家标准化管理委员会.纯氮、高纯氮和超纯氮:GB/T 8979-2008[S].

[22] 交通运输部上海打捞局水面潜水作业手册[Z].2019.

[23] 交通运输部上海打捞局饱和潜水作业手册[Z].2010.